JN133014

里山風土記

〝日本の底力〟再生への記録

［樹木＆草花編］

高久育男

目次

この本と、この本の中に出てくる全ての取り組みは、
自分の子供たち、および子供たちと同世代の人たちへ
誠心誠意、捧げるものです。

ようこそ、里山風土記へ。

この里山の風土記・樹木&草花編は、樹木と一緒に紡いだ次世代へのメッセージであり、一箇所の限られた地域に生育する樹木を網羅した樹木図鑑でもあり、日本の里山に「日本の底力」をみる著者が、長年取り組んできた里山再生の物語でもあります。

かりに、この小さな里山を「ひびきの里」と呼ぶことにいたしましょう。ひびきの里は1㎞四方にも満たない小さな里山です。その中に水田を主にした農地があり、その周りに雑木林、竹林、杉林があり、点々と作られた溜池と、地域を貫流する小川が2つ、全体に平坦な地形で、標高は海抜約320m、そしてその背景に那須連山の全容を見ることのできる典型的な里山地帯です。

竹林を含めた山林の面積は約7万坪、23haです。この7万坪の中にいったいどれだけの種類の樹木があるのだろう?荒れた山林を整備するために何千回と森の中へ足を運び、1つ、2つと樹木の種類を確認していくうちに、50を越え、そして80を越え、今現在100種を超えました。(今回98種をご紹介)

正直、驚きです!こんな小さな限定空間に100種!一歩隣の地区へ行けば、さらに別の種類の樹木があります。また、標高が変われば、さらに違う種類の樹木を数えることができます。実際、車を10分も走らせ、那須御用邸付近の森へ行けばさらにいく種類もの樹木を確認することができます。

この多様な樹木構成、これこそ日本の気候風土からもたらされた天の恵み、地球上の日本という場所(国土)に表現された、まさに地球の命の表れです。

さあ、それでは樹木の種類や大きさ、形態から、先人たちがどのように自然と関わって暮らしてきたのか、また、自然との関わりが何を生み出すのかを物語にしてみましょう。そして日本各地の里山で、現代社会に求められる新しい里山のあり方が創造されることを期待いたしましょう。

この本の特徴

1. 樹木を通したメッセージ集
全98篇。人が自然といかに向き合うべきか、人と自然の在り方を綴りました。樹木たちに引き出してもらったと言っても良いでしょう。

2. 限定地域に生育する樹木を網羅した樹木図鑑
どこにでもあるごく普通の日本の里山です。ここでの内容は、登場樹木を入換するだけで、どこの日本の里山にも当てはまることでしょう。

3. 里山再生に取り組んだ15年間の報告書「**里山の岩戸を開く**」
人との縁がなくなり荒れた里山林を、40年50年前の姿に戻すことで、いかに現代的な意味での可能性が生まれてくるかを、実践を持って全ての日本人にお伝えしたかったことです。実際の取り組みの内容の概略を綴っていますので、こちらを先にお読みになられてもよいかもしれません。

4. 音声サービス（無料でダウンロードできます）
早朝の小鳥の歌声です。小鳥は毎朝、決まった時間に、それもピッタリ正確に、自分のお気に入りの場所で、一曲か二曲づつ歌声を披露し、転々と場所を変えながら、森の中を一巡するようです。登場する小鳥は、キビタキ。7月、前庭の森にて収録。

鎮守の森

ひびきの里の真ん中に八幡様があります。大正15年の建立とありますから、約100年前です。一般的な言い方からすれば、このお社のある森は鎮守の森ということになるのでしょうが、ここ数十年、お世辞にも良い状態を保ってきたとは言えません。幼少の頃の記憶を辿れば、もっと明るく、きちんと管理されていたと言う映像が浮かんできます。

この鎮守の森の面積は約1町歩（3,000坪）。森の古さから言えば、やはりこの里山一番に古い森と言えるでしょう。全体に、生えている木は背が高く大きく、この里山の大木は、やはりこの鎮守の森に集中しています。ケヤキの大木が3本、ハルニレの大木が1本、この4本は堂々としたものです。

それではこの里山一番の大木、ケヤキからご紹介いたしましょう。

1.ケヤキ（ニレ科）

存在感のあるものが、その場の空間を治めています。

八幡様の門の脇に立っているケヤキ、この里山一番の大木です。胸高直径120~130cm。樹齢はケヤキだから150年から長くて200年と言うところでしょうか。江戸時代後期から明治時代初期にかけて芽を出したということになります。

母親から聞いた話ですが、むかし、餅つき用の臼を作りたいからと言うことで業者が買いに来たそうです。こうしてまだ立っているということは、売られなかったということ、ほんとうによかった。

存在感のあるものがそこにあるだけで、その場の空間が治ります。中心を決める、中心を立てる、神話の世界から、必ず物事の始まりには中心を創造しました。

そういえば、建築でも大黒柱という存在がありますね。今はあまり使われないようですが、大黒柱には家の中心という意味があります。私はこの大黒柱がある家が好きです。大黒柱にもケヤキは最も向いている木と言えるでしょう。

大木を見ていると、長い時の流れを感じることができます。この流れを感じることで、どれだけ自分の心が励まされることか！何があっても「小さい、小さい、まだまだ……」と、生き切る勇気が湧いて来ます。

青空とスギ林、竹林の緑を背景に清々しいケヤキ。春の芽吹き直前の姿であり、森はこの時期1年中で一番華やいだ明るさになる。

下のケヤキの写真と同一場所。お恥ずかしい話、荒れるとはこういう状態です。これでも少し整備し始めた姿です。薄気味が悪い空間です。暗い感じの写真になっていますが、これは天気が悪いのではなく、光が届かないため、実際に暗いのです。ここを開いた人たちが悲しんでいる気がします。この状態を子供達の世代に引き継いではいけません。日本全国の問題です。

ゴッツイ樹皮が剥がれかけています。老木の証です。しかし、木にとっては老木になってからの方が命が長いのです。老木という言い方を変える必要があるのでしょう。長命のメカニズムに深い関わりがありそうです。

2.ハルニレ（ニレ科）

暮らし環境とは、無言の教育装置。

時々、臨時バーベキュー会場と化する竹炭焼き小屋に置いてある、大きなテーブルの天板がハルニレ材。ハルニレは大きくなる樹種で、この写真の木も右から左まで約170㎝。株分かれしてしまっているので、1本の幹の直径は1mぐらいですが、下から見上げると「うぉ〜」と言う感じです。落ちて来た枝の太さが普通の木の幹ぐらいあります。こんな木が密林に埋もれ、何十年もの間、人の目に触れることがありませんでした。今の社会の価値観を象徴していると言えます。

暮らし環境とは、無言の教育装置。当たり前のように何千回も目にし、肌に感じる環境、人間の精神に影響がないはずがありません。

半世紀前、人と自然（特に山林）は、農業という営みを通じて、あるいは生活の中の熱源の確保ということを通じて交流していました。その交流が一旦途切れ、農地を取り巻く雑木林等の山林は荒れに荒れました。今現在も、日本全国のほとんどの里山林が荒れ放題の状態です。この状態に心を痛めている人はたくさんおられることでしょう。私もその一人です。こんな大木が見えなくなってしまう状態、みなさん想像できますか?

とにかくもう一度、40年、50年前の状態に戻すことです。その状態になれば、今度は現代的な意味合いを持ちながら、里山地帯は新しい豊かさを創造していくことでしょう。この豊かさこそ、足元から日本を蘇生させる、と私は信じています。

ニレの木の大木を囲む荒れた竹林 。中央左の樹冠が見える木がこのニレの木です。この風景が、人との関わりがないことを物語っています。果たしてこれを美しい里山と言えるでしょうか。里山の魅力が隠れているとはこのことです。

苔が生えた樹皮に風格がただよいます。この大木が密林に埋もれ、30年、40年の間、人の目に触れることがありませんでした。こうしてまた姿を表し、見る人の記憶に残っていくことでしょう。その記憶が感性の中に芽生え、成長してくることもあるのです。目に触れる環境のなせる技。人の感性の中で生きているのです。

3.エノキ（ニレ科）

私たちは次の世代に何を引き継ぎましょうか。

樹木の解説書には、概要が次のように書いてあります。エノキはヤドリギを宿すことが多いことから神ノ木と考えられ、様々な境界に植えられ、祀られるようになった。古くは一里塚に植えられ、道標にされたり、村境に植えられたりしていた、ということです。

この写真のエノキも、八幡様の境内、しかも鳥居の近くに立ってます。かなり大きな木です。樹高は25mぐらいあるのではないでしょうか。恐らく、この八幡様が建てられ後、何十年後かに植えられたのでしょう。境内といえども個人の所有地、土地の境に立ってます。農地の境であれば、ウツギが境木として植えられたことでしょう。しかし、場所柄を考慮し、エノキとなったのではないでしょうか。

もちろん、この話は今となっては想像の域を出ませんが、樹木の種類と立っている場所、そして大きさから以上のような物語を考えることも可能だということです。もしそうだとすれば、たった1本の木が、先人たちの内面世界を知るのに役立ちます。

文化とは、この引き継ぐことの出来る内面世界のことです。さて、私たちは次の世代に何を引き継ぎましょうか……。心豊かな暮らしにつながるものを引き継ぎたい、そう思いませんか。

偶然か、意図的なのか、土地の境に立っています。

4.ヤブツバキ（ツバキ科）

植物は正直です。風が通い、光が届く環境になれば、その通りに反応してくれます。この植物の変化が生き物にも変化をもたらすのです。その変化に秩序を作るのが、多分人間の役割なのだろうと思います。

里山における景観美、
それは人との関わりから生まれます。

日本人には古来より馴染みの深いツバキ。化粧用にも、食用にも使われてきました。ツバキにも様々種類がありますが、この近辺に自生しているのはヤブツバキ。

今は本当に沢山の花をつけてくれます。これほど嬉しいことはありません。実は、このあたりは、つい数年前までは真竹に占領されており、ほとんど光も届かず、見るも無残な風景でした。ツバキの木自体も見えませんでしたし、当然、光も届かないので、花も咲かせませんでした。そんな状況を知っていますので、今、こうして普通に花を咲かせてくれることに無常の喜びを感じます。

この八幡様の境内はヤブツバキの群生地。正確に数えたことはありませんが、500本、いやもしかしたらもっと多いかもしれません。とにかく一面のヤブツバキです。出来ればもう少しきちんと手を入れて、境内にふさわしい景観にして行きたいと思っています。もう少しすれば、竹の切り株が処理しやすくなってきますので、そうすれば、ここはさらに見違えるようになることでしょう。

ツバキの葉は肉厚で光沢があります。この性質を持っていますので、群生の景観を敢えて逆光から眺めると、それはそれはまばゆい景観が誕生します。他の木々たちがまだ葉をつける前の早春の輝き、やっとここまでの景観にたどり着きました。

境内を占拠した真竹。見るも無残な風景です。里山の景観美、そして諸々の可能性は重い岩戸の中へ。扉を開けなければ、美しい日本、日本の底力は闇の中。この暗闇を次の世代へ引き渡すというのでしょうか……。心が痛みます。

常緑樹。肉厚で光沢のある葉。椿の特徴です。無数の葉に光が輝き、まばゆいばかりの景観です。心に残る春の風景が、また一つ誕生しました。いえいえ、復活しました、の方が正確です。

5.サワシバ（カバノキ科）

美しい！ と思わせてくれるだけで十分です。

カバノキ科の仲間には優良材が多く、高級家具に使われている木がいくつもありますが、残念ながら、サワシバやシデ類は、板材としては少々使いづらいかもしれません。板材が取れるまでの大きさになりにくいということもありますが、たとえ使えたとしても、製品になった後にトラブルの起きやすい木です。

でも、見てください！このサワシバの葉と花、美しいと思いませんか？葉は同じカバノキ科のクマシデやイヌシデに比べると全体に大きく、少し形に膨らみがあります。

この写真のサワシバは片側に空きスペースがあったのでしょう。1本の枝を横へ横へと伸ばしています。この樹形は林や森の林縁木としてはよくありがちな形です。特に畑と山林が接している場所では典型的な形です。今は影も形も見えませんが、この枝の伸びていく先は、昔は畑だったのでしょう。この木の大きさから判断すると40年、50年前までは畑として使っていたのかも知れません。

それにしてもこの木のアーケード、この長い枝を片側から支えるというのは本当に大変な力がいることです。何十メートル、時には100m以上も根から水を吸い上げることと言い、木のメカニズムには本当に不思議なことが沢山あります。

サワシバは漢字で書くと「沢芝」。湿り気の多い場所を好んで生息するようです。

50年前の姿を取り戻したこの場で、スリッパを履いて樹木調査。サワシバの特徴ある樹皮がちょうど良い具合に光を受け、絶好のシャッター・チャンス。空気も澄んでいます。

サワシバの長く伸びた枝の向かう先、実は数年前まではご覧の通り。3 ～ 4mの背丈の篠が壁のように密生していました。その面積約400坪。里山の植物多様性など、遠い過去の話となっていたのです。

この長く伸びた枝の長さ、10mぐらいあるでしょうか。枝の先はちょうど目の高さ。サワシバのホップがたわわです。

6.アワブキ（アワブキ科）

ホオノキの葉を2回りぐらい小さくした感じの大きな葉です。

アワブキがあるだけで結構です。

木を燃やすと切り口から泡がたくさん出てくることから「泡吹」の名前になった。誠にもってお気の毒な名前。たいがい生木を燃やせばどんな木だって小口面から泡は出てきます。こうしてわざわざ名前を頂戴すると言うことは、よほど泡を吹くのでしょう。

残念ながら、わたしは実際に自分で試したことがないのです。試したくとも、この里山で確認できたアワブキの個体はこの1本だけ。あちらの森、こちらの森、注意して探してみたのですが、未だ見つからず。そのような訳で、樹木の解説書に書いてある通りにだけお伝えいたします。

材は散孔材、ヤマザクラやカエデと同じで年輪のはっきりしない木です。気乾比重は0.65~0.7、サクラと同等かやや重いくらい。材は狂いやすく、折裂しやすい。何か良いところはないものだろうか……。

実は、あるのです。アワブキは他の何物でもない、アワブキだということです。ただ存在しているだけで価値があります。その価値に気付けるかどうかは人間の勝手、と言うことではないでしょうか。

竹林の森

この孟宗竹林の広さは約3000坪。ここ40年の間に雑木林を占領していった末にできた竹林です。竹林の中にはそこそこ大きな雑木が残っており、私の記憶の中にも雑木林だった45年前の様子がうっすらと残っています。さらにその前、おそらく100年ぐらい前は畑として使われていたような痕跡が残っています。

10年前、この竹林は見るも無残な姿でした。立ち枯れした竹が無数にあり、倒れて寄りかかっている竹も数知れず、その状況にプラスして過密状態の極み。荒れた竹林とは本当に醜いものです。

しかし、人が手を加え整備した後の竹林ほど清々しく気持ちの良い空間はありません。何千本、立ち枯れ竹や倒れていた竹を片付けたかわかりません。ようやく清々しい空間になりつつあります。

7.ハリギリ（ウコギ科）

人間の晩年もかくあるべし、
とはハリギリの教えです。

昔、日本の木材を集めている頃に「セン」という呼び名で出会った木です。もう20年以上前の話です。材全体が白っぽい木で、極端にデザイン性を帯びた木目が現れることもなく、有り体に言えば、変化の少ない材です。

しかし、この単調さこそが製品に仕上げた時に品性を生む大きな要素です。質の良い素材、単調さ、洗練された技術、この3つが揃うことで格式の高い品性がうまれます。50代半ばにして、ようやくそのことが実感としてわかります。

この里山にも何本もハリギリが生えてます。大きなものだと直径80cm、100cmというのがあります。30cm、40cmという木は数本確認しております。はじめて立木のハリギリを見つけた時は少し心が踊りました。それまでは材でしか見たことがなかったからです。

さてこの名前、「針」に「桐」でハリギリ。一体誰がこの名前をつけたのだろう!? この木は日本固有の木であり、翻訳によってその名前をつけたわけではありませんから日本人がつけたのに違いないのです。的確な命名で感心します。

桐の代替材となるほど綺麗な材なのですが、幼樹の頃の棘は凄まじい鋭さです。この鋭さがだんだんと穏やかになっていき、老木になる頃には全く姿を消してしまいます。

人間の晩年もかくあるべし、とはハリギリの教えです。

ハリギリの幼木、この鋭いとげ！

樹齢30年から40年。まだとげが残っています。

樹齢約100年。とげは完全になくなり、樹皮全体の様子も全く変わっています。

8.モミ（マツ科）

竹林に取り囲まれているが、頭2つぐらい抜き出ています。この大きさになればそう簡単には竹にも負けないと思いますが……。

自然の領分を管理できるのは、人間しかいません。

さて何の木、この森一番の背高の木。この木にクリスマスの電飾を施せばさぞ見事でしょう。直径1m20cm以上、樹高約30m。モミの木の大木は、この木を先頭に数本確認しています。そのうちの1本は落雷があり、枯れてしまいました。残念ですが、これも自然の流れで、人知では防ぎようがありません。

さて、里山林の現状ですが、このモミの大木が生えているところが、孟宗竹に占領されようとしています。何とか食い止めたいと願っているのですが、土地の所有者が自分ではないため、思うように竹退治ができません。歯がゆいところですが、こうして木が見えるようにしておくことだけで精一杯です。

竹林は竹林で、その維持管理ができれば素晴らしい空間になるのですが、放っておくと、竹はどこにでも侵入し、占領してしまいます。やはりこれは大きな社会問題です。

竹林、雑木林、それぞれの領分を管理できるのは人間しかいません。これからますます、人がどう自然に向き合えばよいのか、と言うことが問われてくる時代になると思います。仮想世界が進めば進むほど、人はそのバランスを求めるようになると思うからです。その求める先は自然をおいて他にありません。なぜなら自然は実生命の世界だからです。

雑木林の中で、頭2つ分ぐらい突き出ている木が見えます。杉とモミの木が2本ですが、この2本のモミの木のうちの1本に落雷があり、枯れ始めています。

手で触れるぐらいに近づくと改めてこの存在感に驚かされます。直径130㎝。

9.ネムノキ（マメ科）

ネムノキ、合歓木。
中国では夫婦円満の象徴
とされます。

細かい葉を沢山つけ、釣竿がしなるような樹形をしています。

細かい算盤のように並んだ葉っぱは、周囲が暗くなると閉じ、眠ったような感じになるからネムノキだそうです。

里山でもよく見かける木で、荒地を開いた時に、真っ先に生えてくる木（先駆種）の一つですが、真っ直ぐに上に向かって伸びて行くのではなく虹のように放物線を描くような形で大きくなっていきます。成長が早く、草刈りをしていて、目に飛び込んでくるたびに、残しておこうかどうか迷っても、たいがいは刈ってしまいます。（芽を出しても、そのまま生き残り成長して行くことの何て大変なことよ）

写真の木は、直径が20cmぐらい。ネムノキとしては大きい方でしょう。結構しぶとい木で生命力があります。加えて淡いピンクの花を咲かせ、その香りが甘い、そんなことから「合歓木」、夫婦円満の象徴となったのでしょう。

実用面では、塩害にも強く、海岸線の防風林としても活躍しているようです。また含有成分や性質から、その生薬は鎮痛や精神安定、不眠解消にも利用されているということです。今のところ、私には急を要して必要な項目はありませんが、板材としての用途に興味があります。

追記

折れた枝の切り口をみると、色合いは同じマメ科のエンジュに似ていました。エンジュの木も、今ではなかなか手に入らない木の一つになっていますので、ネムノキの板はどうかなぁ……。

おそらくこの木で樹齢30年から40年。壮年の木です。老木になると樹皮はどう変化するのでしょうか。やはり同じマメ科のエンジュのように剥がれだすのでしょうか……。

葉の形とつき方が空の青さと一緒になって、今にも催眠術にでもかけられそうな雰囲気です。ぼーっと眠気を誘われます。

10.ヒサカキ（ツバキ科）

人と自然が一体となってこそ、日本の本当の力が現れる。

常に青々として強い、その性質にあやかって縁起の良い木として扱われ、神棚、仏壇、お墓へのお供えや玉串などに多く利用されているのは周知のことと思います。

そのヒサカキの名前の由来ですが、「ヒ」の解釈の違いにより、諸説あります。ヒ＝非でサカキにあらずと言う意味。サカキより一回り小さい葉と言う意味で「姫サカキ」が訛ってヒサカキになったと言う説。実を沢山成らせるので「実サカキ」が訛ってヒサカキとなったと言う説。日当たりを好むので「陽サカキ」が訛ってヒサカキになったと言う説。

日本語とは面白いもので、音と意味がどれも当てはまってしまいます。言霊の国、と表現したくもなります。存在と意味と音とが強いつながりを持って現れている国が、日本。自然との絆が切れるとは、私たちが思っている以上に日本の力を弱めることになる、と感じているのは私一人でしょうか。八百万の神を創造する日本人に、もう一度立ち返る必要があります、と言い切っておきます。

前庭の森

前庭の森、などと名前をつけておりますが、何のことはありません。自分の家の前の森のことです。迷子になりそうになった森です。全体の面積はどのくらいあるだろう、全部合わせると1万坪ぐらいでしょうか。こんな小さな面積のところで迷子とは。人間は自分が立っている座標軸がわからなくなると、急に不安になるものです。

この森の中に、もう随分昔、人の手によって作られたであろう水路が残っています。人と自然が深いつながりを持っていた頃、たとえ森の中とはいえ、水の管理がなされていたようです。

その水路も、長年の放置による結果、50m先には姿を消してしまっています。姿を消した先は準湿地、ここではミズキの森につながっております。ちょうどその境のあたりに、笹を退治して3年後、サクラソウの小さな群生が出現しました。この群生は毎年、少しずつ大きくなっています。

11.アカマツ（マツ科）

松枯現象に何を見るのか、
が問われていると思います。

里山の松は、庭木の松と違い、大方、写真のようにスルスルと天に伸び、途中に枝がありません。20mから25m、高いものだと30mぐらいになります。

この松を住宅の梁に使うと、建物は時間とともにグッと安定してきます。なぜか？それは松材は乾燥とともにねじれてくる性質があるからです。この性質をうまく利用し、梁と柱、梁と小屋をガッチリと締りのある状態にしたわけです。その結果、日本家屋は柔軟なのにガタつきが無い、と言う相反する要素を実現させたわけです。適材適所をうまく作り上げてきた日本の建築技術、さりげない様でいて、物事の理をしっかりと生かしきっております。

それと昔は建築物の土台にも使われました。何年か前、東京駅前の丸ビルが建て直しになり、旧丸ビル後の地面から4~5,000本という大量の松の杭が出てきました。ご存知の方もいるかもしれませんが、約100年の間、土中に埋まっていたわけですが、そっくりそのまま出土しました。その時の松が現丸ビルに展示してありますから機会があったらのぞいてみて下さい。（ただ、この松は日本の赤松ではなく、アメリカから持ってきた松らしいです）

しかし、このアカマツが、今、危機に瀕しています。日本全国の松枯れ問題、ご存知の方も多いと思います。一般には、マツノザイセンチュウという虫のせいにしておりますが、果たしてそうでしょうか？アカマツの性質上の寿命という人もいますが、果たしてそれだけでしょうか？問題の根源はもっと奥が深い、と私は感じております。

12.コナラ（ブナ科）

里山のコナラが、
空に向かって深い森を作っています。

里山と言えば、ナラの木。正確にはコナラ、漢字で書くと小楢。小さな楢、と言うことですが、果たしてそれほど小さいでしょうか？ミズナラ、別名オオナラに比べれば、葉も幹も相対的に小さい、と言うことはその通りだと思います。しかし50年も放置された里山林においては、もはやコナラという呼称はどうもピンときません。直径60㎝、70㎝、樹高25mというコナラの木は結構あります。

では、昔はどうだったのでしょう。里山の暮らしが炭や薪に熱源を頼っていた頃、コナラやクヌギは良質の炭や薪になるということで、必需品度のとても高い木でした。その頃は20年サイクルで木が伐られていたと言います。そして切り株から萌芽を繰り返していたのでしょう。そう言う時代であれば、確かにコナラは違和感なく小楢、です。

この株立ちのコナラの姿は、昔、炭や薪を燃料としていた時代の名残です。20年サイクルで伐採、萌芽を繰り返していたようです。この幹の太さから、最後の伐採時期を推測できます。約50年前が最後の伐採だったようです。ちょうどその頃が人の暮らしにおける燃料転換の時期でした。

名前とは不思議なもので、その時の様子を記憶するものでもあります。だから時には状況の変化次第で、現状にそぐわない呼称になってしまうこともあるのです。この写真のように、3本の高層ビルのようなコナラの木は、まさに大きな小楢です。この大きな小楢は、人間の暮らしにおけるエネルギー転換の事実を物語っているとも言えます。

40年、50年前、確かに里の雑木林は良く手入れされキレイでした。ただ、もっとこじんまりしていたように思います。それに比べると、今こうして手入れされた里の雑木林は、昔の雑木林には無い迫力を持って蘇っています。さぁ、この空に向かって深い森の懐をどう生かす？現代人にとっての癒しを提供する空間とするのか、あるいは、荒れた状態のまま放置し、人と自然の交流が途絶えたままにしておくのか……!?

私たちは、真剣になって考えなければならない時期にきています。

13.ミズメ（カバノキ科）

もし誤解なら、
訂正していただきたいのですが……。

きれいな木です。この場合、木というのは材のことなのですが、かすかに、本当にかすかに桜花の色をした材です。生木のうちは、サロメチールの匂いがしています。薬になったサロメチールとの違いは、香りに甘みがあること、そしてきつくないことです。個人的には、この香りも含め、材としても立木としても、ミズメは大好きな木です。

このミズメの別名が本当に失礼してしまいます。ヨグソミネバリ。一体どういう意味でしょう。ヨグソは漢字で書くと夜糞です。この名前はサロメチールの匂いからきたというのですが、どうも腑に落ちません。決して悪臭ではありません。それどころか香水にも使用されているくらい芳香です。では、なぜ????私は、誤解に基づく命名なのではないかと思っています。もっとも、個人的には「ヨグソミネバリ」などと一度だって呼んだとこがありませんので関係ありませんが……。

ところで、この木は皇太子殿下の「お印」なのだそうですね。と言うことは、もうすぐ天皇陛下の木ということになります。実は、私は皇太子殿下と誕生日が一緒。雅子さまとは生年が一緒。「それで何かご関係でも……?」と問い詰められても困ります。たまたま私の生まれた座標軸がそうだったということ、ただそれだけですが、この度、ミズメという木をテーマに、また一つ繋がりができてしまいました。

サクラの樹皮にそっくりです。ここからミズメザクラと呼ばれるようになりました。

14.イヌザクラ（バラ科）

中には、命名の意図に
感心できないものもあります。

「イヌ」が出てきました。他にもイヌツゲ、イヌザンショウ、イヌシデと3種の「イヌ」樹木が登場してきます。ここで「イヌ」が付いている意味合いについて確認してみましょう。

イヌツゲの「イヌ」はツゲに似ているがツゲではない、という意味の否定的な意味。イヌザンショウの「イヌ」は、サンショウではあるが、香りもなく材質も劣るという意味での否定的な意味。イヌシデの「イヌ」はクマシデほどには大きくならないという意味での比較における意味合いか……。イヌザクラの「イヌ」はヤマザクラやウワミズザクラほどには幹も花も大きくならないという意味での、比較における意味合いか……。これだと言って断言する必要もないかと思いますが、「イヌ」が付くと、性質が劣る、大きさが小さい、というように、否定的な意味合いを持ってくるようです。

もっとも、個人的には、命名者がどう意図しようと関係ありません。この写真のイヌザクラで樹高が7~8m。イヌザクラにしては大きい方だと思います。イヌザクラは別名シロザクラ、少し小ぶりですが、ウワミズザクラのように房状の白い花をつけます。

このブチブチがついた灰白色のような樹皮、山桜、上溝桜とも違います。太さ20㎝弱。

この天気で、この時間帯、この木が一番映えるように撮影したつもりですが、撮影はいつだってバカチョンカメラです。きれいに写る環境さえできていれば、誰が撮ってもキレイに写ります。誰が撮ってもインスタ映えの空間、それが里山の理想です。

15.ウワミズザクラ（バラ科）

この白い房状の花は、シウリザクラ、ウワミズザクラ、そしてちょっと小ぶりですが、イヌザクラの特徴です。

白い房状の花、控えめですがこれも桜の花です。

サクラと言えば、あの淡いピンク色の花をびっしりとつけ、日本の春を彩ってくれる代表格です。でも、サクラの中には全然違う形の花をつける仲間もいます。シウリザクラやウワミズザクラは白い房状の花をつけ、うっかりすると見過ごしてしまいそうなくらいに控えめです。

私は、木材から木の世界へ入りました。もう25年前、木が知りたくて盛んに板材を集めている頃、私の木のお師匠さんのような方がいて、「シュリ」と言ったり「シュリザクラ」と言ったりしていました。当時、サクラはサクラだと思っていただけの初心者でしたから、一体何だろうと調べたものです。インターネット検索のような便利な手段がまだありませんでしたから、図鑑を当たるのですが、目次を見ても「シュリ」なんて書き出しはありません。仕方なくバラ科の項目を丹念に1ページづつめくっていくと「シウリザクラ」と言うものが出てきました。

シウリザクラはより寒冷地に生息し（北海道に多い）、ここ関東の標高300mぐらいのところではウワミズザクラです。繁殖力も強いらしく、よく見かける木です。元来、それほど大きくなる木ではありませんが、ごく稀に幹の径が80cm、1mぐらいになるようです。1度だけ、幅80cmの板に出会ったことがあります。こうして立木のことも知るようになると、そんな大きな板はかなり貴重だったのですね。座卓になって嫁ぎました。もう20年近く前の話です。しばし回想に浸りながら思い出しました。

16.アズキナシ（バラ科）

里山再生、
それは私なりの
豊かさへの提案です。

しばらく何の木かわからないでいました。ケヤマハンノキではないし、ヤブデマリでもない。ツノハシバミでもないし、ガマズミでもない。それがひょんなことから、アズキナシとわかり、ひと安心。アズキナシで出来た製品を見たことがありますが、とてもキレイな材料です。サクラ類と同じバラ科ですので、組成の仕方は同じ。この手の木は柾目に板を取ると本当にキレイな材となります。細かくキラキラと輝くような模様が出てきて何とも言えない上品さです。色めは山桜よりは淡く、カバノキ科のミズメに似たような、そこにごく薄いピンクを加えたような感じです。

丹念に調べ上げて行くと、後から後からいままで気づかなかった樹木が現れてきます。これを機会に、それまでは材でしか知らなかったものも随分と立木で確認しました。こんな小さな限定空間の中にこれほど多様な樹木があるのかと改めて驚かされます。これを自然の豊かさと言わずして何と言いましょう。自然の恵みと感謝せずに、無関心でいられましょうか。里山再生への取り組みに力を入れる所以でもあります。そしてそれが、私の中では次の世代に引き継ぐことができたらと願っている、また自分にできる精一杯の豊かさへの提案なのです。せっかく日本に生まれてきたのですから、もっと自然を楽しみましょう！

写真でご紹介している木で直径15㎝くらい。高さ12~13m。まだまだ成長します。大きなものだと樹高20mぐらいになるそうです。

17.マルバアオダモ（モクセイ科）

誤解の元は、名前にあり。

前庭の森、南正面にある木。一番目立つところに立っている木です。お恥ずかしい話、ずっと長いこと私はこの木をアオダモだとばかり思っていました。ラグビー・ボールを鋭くしたような葉の形なのに「マルバ」のはずがないと思い込んでいたからです。命名の世界は感心することもあれば、よく理解できないこともあります。

マルバアオダモだとわかった時には、「なぁんだ、バットの木ではないのかぁ……」、といささかがっかりしたものです。しかし、がっかりしたのも束の間、シンプルで鋭い角を持った葉が沢山連なり、その先に見える風景が独自の雰囲気を持っています。これが結構、格好良いのです。

この雰囲気を覚えると、森の中で別のマルバアオダモを発見するのに役だちます。一度、誤解ということを通して知った木なので、「ああ、ここにもあったか、おう、ここにも……」と意外と親しみも深くなります。この辺りの機微は人間関係と同じかも知れません……。誤解もまた良し。知って改めれば付き合いも深くなるというもの。

無関心が一番の「損」、あるいは「敵」、だと思いませんか、人生においては。

18.アオハダ（モチノキ科）

子供の感性の中には、良いタネを蒔きたいものです。

樹皮を爪でちょっと引っ掻くと、その下は緑色をしています。それで青肌という名前がついたのだということですが、なぜ緑を青というのでしょうか？日本語の不思議なところです。何か特定の心理的作用があるときに緑を青と言うのでしょうか。青信号だって、決して青ではありません。

里山にはよく生えている木の一つです。樹高は10m近くなり、ロクロ細工に使えるくらいの太さになります。材の感じとしては何処か粉っぽいと言いますか、繊維質、粘りのある材と比べるとノコギリ伐採も容易にできます。

秋には赤い実をつけ、小鳥がついばんでいるのでしょう。あちこちに種が落とされるようです。密林状態のところには生え過ぎるくらいに生えていましたので、随分伐採しました。

どのくらいが適正本数かは分かりませんが、見通しが良くなった里山林で、秋の実りの時期、赤い実をつけている木がポツン、ポツンと生えている情景は良いものです。こう言う風景を子供の記憶の中に残すことができたら、それはその人の感性の中にタネが蒔かれたと言うこと、やがて芽を出し、その人を導くこともあるでしょう。感性はものの見方を誘導していく、通奏低音のようなものですから。

白い島がついたはい白色の樹皮。この写真の木で直径約10㎝。

赤い実が満遍なくついています。まだ食したことはありませんが、小鳥はよくついばんでいるようです。

19.アオキ（ミズキ科）

動物は、植物なしには生きて行くことができません。

東日本では数少ない常緑樹の一つ。一年中青々と葉を茂らせているのでアオキだそうですが、植物を表現する場合、実際の色よりも、みずみずしさの表現として「青々としている」という言い方がありますから、この場合はおそらくそちらの意味で使っているのでしょう。

さて、この青々としていきの良いアオキの葉は健胃作用があることから、和漢薬の「陀羅尼助」に配合されているそうですね。ご存知でしたか？かなり古くからある健胃薬です。

その他、生葉は火であぶり、患部に貼ることで、切り傷や火傷の保護消炎になるそうです。枇杷の葉にも似たような使い方があり、あちらは毒出し作用、自分でも何度か試したことがあります。毒が多すぎて出し切れなかったように記憶しています。

様々な植物が、動物の様々な不具合の改善に役に立つ、つくづく人間は植物の情報でできている部分が多いのだと思います。であるなら、植物が健全に生きられる環境を作ることは、人間の健康に直結しているということです。自然との関わり方を見直すとは、そういう意味でも今、大きく問われているのではないでしょうか。

常緑樹の新芽の時期。こちらの葉の方が食べてみようという気になります。革質で肉厚の葉に健胃作用があるそうです。

1日のうちで、ほんの少しだけ、このアオキにスポットライトのように光が当たる時間帯があります。このページの舞台の主役はアオキさんだ。

20.ケヤマハンノキ（カバノキ科）

木の話は、
どこにでも飛んで行きます。

この辺りだと個体数もそれほど多くはなく、大きな木もありませんが、樹高は20m、直径80㎝ぐらいになるそうです。この写真の木で直径約15㎝ぐらいですから、あと70年、80年もすればそのくらいにはなるかも知れません。次の次の世代のことです。

もともと木の話とは、過去にも、未来にも、時間幅の大きな展開になりやすい性質のものです。またそういう鳥眼的視点を持って自由に時空を飛び回るのでなければ、面白さも半減です。人間の2世代、3世代というのは、木にとってはごく当たり前のことで、私が過去に出会った木の中には、樹齢2500年という一位の板がありました。楊枝を持ちながら、せっせと年輪を数えたものです。全て製品となり、お嫁に行きましたが、思い返しても不思議なことで、なぜ自分のところに、こんな途轍もない木がきてくれたのだろう……？今持って謎が深まるばかりです。

こういう風に、何かのきっかけで道草話をすることも楽しいものです。ケヤマハンノキの仲間の木で、樹齢1000年を超える木は、オノオレカンバという木だけでしょう。大概こういう極端に長生きする木は、岩盤質のやせ地に生育しているようです。この意味することは、かなり奥が深い、生命の深淵に迫るものかもしれません。何不自由なく楽に生きることが、人生にとって本当に良いことなのかどうか、それは人生を終えてみないとわかりません。

木の話をすると、話はどこにでも飛んで行きます。過去にも、未来にも、北海道にも、九州にも。道草が好きな私にはピッタリのテーマが木の世界だったのかも知れません。

幹の細いものは意外に写真に撮るのが難しい。画面の中で他のものとの比率を考えないと、無闇に太く見えてしまったりするからです。

写真中央の細い木がケヤマハンノキ。こんな感じで他の木々たちの間に立っています。森の中に光が届くこと、特に里山では木々たちが元気になる大事な条件です。

21.サクラバハンノキ（カバノキ科）

そうかぁ、
準絶滅危惧種だったのかぁ！

本当に長いこと、この木を特定する事ができないでいました。どの図鑑や解説書を見ても、どうも最後の最後のところでピントが合いません。葉の雰囲気は、サクラのような、ハンノキのような、どちらの雰囲気も持っています。樹皮はブナのような雰囲気を持っており、この辺りでブナはないはずですから、イヌブナか?それにしては葉が全然違う。分からない、一体何と言う木なのだろう？ずっとこんな感じでした。ところがインターネットの中にある情報量たるや、すごいですね！

今回はこのインターネット検索で長年の疑問が解消しました。今また検索して同じところに行き着けと言われてもたどり着けないかもしれませんが、その時偶然たどり着いたのです。それが、準絶滅危惧種、サクラバハンノキだったのです。

「材木遺伝資源情報」　準絶滅危惧種サクラバハンノキ保全のために

宮本尚子著（材木育種センター　北海道育種場）

これで頭の片隅にあったもやもやした霧が晴れました。

早春、木々たちが芽吹く時期の森の中は最高に気持ちが良いものです。人が入っていくことのできるさ里山林を、少しづつでも増やして行きたいですね。健全な里山には健全な精神が宿る、と言えるように。

22.ウダイカンバ（カバノキ科）

松明に使われ、高級家具に使われ、大活躍。

戦国武将が夜間行軍する時、松明（たいまつ）の火で明かりを取りながらものものしく進んだ、なんていうイメージを皆さんもお持ちですか?その松明に使われたというのがこの木の皮。すぐに着火し、バチバチと音を立てながら燃えるんですから、相当油を含んでいますね。

このウダイカンバは皆さんも良くご存知の白樺と兄弟です。木材業界ではマカバと言ったり、マカンバと言ってます。私は、マカバという板材で最初に出会いました。当時、仕事をお願いしていたロクロ屋さんの工房へお邪魔した時、あまりにも綺麗な板を発見し、無理を言って一枚分けてもらった記憶があります。その時の材料で作ったのが、この菓子皿です。

この木の兄弟は優秀な材が多く、硬く緻密で狂いも少ない、色も綺麗。北海道民芸や松本民芸、九州民芸家具などは主にこの木および兄弟のミズメの木を使います。

見てください、この樹皮。何かに似ていると思いませんか？そうです、ヤマザクラ、カスミザクラにそっくりですね。木材業界にはどういう慣行があるのか分かりませんが、業界独自の呼び名を作ることもしばしば。カバザクラ、ミズメザクラと言う呼び方をする人が多いです。サクラの方が知名度が高いし、高級感も持ってもらえるということでサクラにあやかって材を売ろうということなのでしょうか？

サクラはサクラ、カバ類はカバ類、それぞれに特徴があって良い材料です。個人的には元々の木を尊重したいので、紛らわしい呼び方はあまり好ましくありません。シンプルに、ストレートに、マカバ、が私の中での存在です。

23.イヌシデ（カバノキ科）

小鳥の声が、
心地よく木霊する森にしたい。

イヌシデ、クマシデ 、どうやって見分けるの?私はまだ修行が足りないのか、葉っぱを見てしか見分けることができません。幹や立ち姿だけではちょっとお手上げ。それほど似ているのに、イヌシデ、クマシデ 、どちらもこの里山にはあると言うことがわかると、嬉しいものです。

ただ、この木は繁殖力が強く、数が多すぎます。ですから、今、森の状態を見ながら間伐するときは、まず、クマシデ 、イヌシデから伐採するようにしています。別に恨みがって伐採しているわけではないので、伐ったものに関しては、最大限に利用できるように、可能な限り細枝も含めて、薪として確保するようにしています。言うは易く、行うは難し。

そこそこの大きさの木を1本伐ると、そのあと処理がどのくらい大変か、これは実際にやったことのある人でなければわかりません。下から見上げて何も感じなかった枝が、倒れた後に見ると圧倒的な存在感です。それを人力で1つひとつ処理していくことの労力たるや、すごいものです。逆の見方をすると、これが木のエネルギーです。これを生かさず無駄にしてしまうことに罪の意識を感じてしまいました。以来、伐採した木は可能な限り生かすように努力しています。

伐採していて思うのですが、今、里山林は木の数が多すぎ、超過密状態にあると思います。適正数間伐し、人にとっても樹々たちにとっても、心地よいという状態にすることが求められています。森の中に光が届き、風が通うようになると、小鳥の数も増えるようです。

音声はこの森で収録しました。この木の近くに止まっていた小鳥（キビタキ）です。

24.オオモミジ（カエデ科）

森のオーケストラを、
もっともっと楽しむために。

イロハモミジを40%ぐらい拡大するとオオモミジ。バイオリンからビオラを飛び越えて、子供用のチェロぐらいの大きさという例えではいかがでしょうか。

森のオーケストラ団員は極めて数が多く、種類も様々。オオモミジもその一員ですが、ソリストになる機会はそう多くありません。その個体によほどの特徴がなければ気づいてもらえず、普通はモミジとして扱われるだけ、少し良いとイロハモミジと言われ、滅多にオオモミジという認識までには行き着いてもらえません。もっとも、圧倒的多数の樹木がそうかも知れませんね。と言うことは、私たちはまだまだ森のオーケストラを楽しむことのできる余地をたくさん持っていると言うことです。

里山の景観を作るとは、オーケストラとしてのバランスを整えるということ。背の低い木も、中ぐらいの木も、高い木もあります。芽吹きの早い木、遅い木、緑色の濃い木、薄い木、葉の大きな木、小さな木、紅葉の早い木、遅い木、長持ちする木、そんな様々な特徴を備えた木々たちが団員です。

放っておくとこの団員たちはバラバラに自己主張を始めます。偏りが出来、過密になり、生育環境が劣化し、立ち枯れが増え、ハーモニーどころの話ではありません。この騒ぎが自然に収まるまでには300年、400年、あるいは1000年かかるかもしれません。里山はそもそものはじめから人との関わりを前提とした、山林、森、交流地なのです。

森のオーケストラを楽しむためには、あそこのあの場所にある木、それが分かっていた方が断然有利。だからオオモミジはイロハモミジではなく、オオモミジという団員なのです。

地面からの立ち上がり。過去に相当踏ん張る条件があったようです。でも、それをクリアーした後の姿に、味があります。まだ細いですが、この波うっている部分を板に製材すると、きれいなさざ波模様が出てきます。

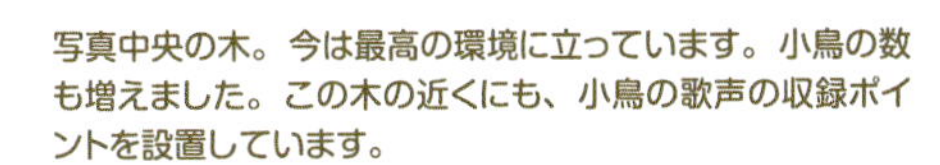

写真中央の木。今は最高の環境に立っています。小鳥の数も増えました。この木の近くにも、小鳥の歌声の収録ポイントを設置しています。

25.イタヤカエデ（カエデ科）

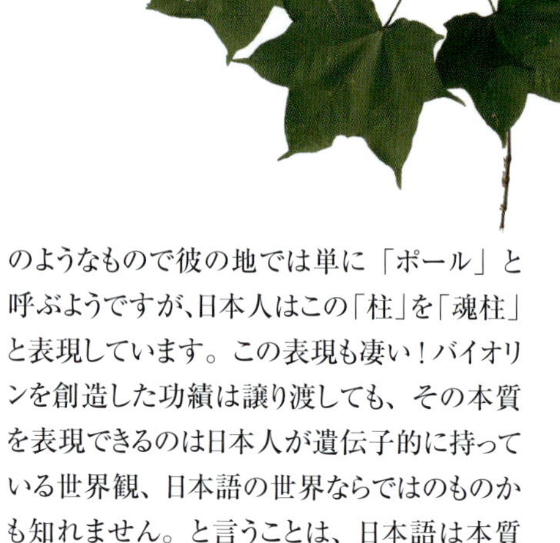

バイオリンは
木の組み合わせの傑作!?

私は音楽家でもなく音響技術者でもありませんが、木という素材から見た「音」の世界には興味があります。バイオリンという一つの完成された楽器、芸術的な楽器だと思うのですが、この楽器の木の組み合わせが凄い！マツ科のトウヒ、カエデ科のメイプル、この2つの木をメインに黒檀やマホガニー。

あの歯切れの良い空間に放射されるような音はトウヒの世界。そして時間が経ってその性質が極まるのはそのマツ科独特の脂成分が硬化しての結果（だろうと思います）。あの艶やかでしなりのある音はカエデの世界。歯切れの良い音、艶やかでしなりのある音、これら別性格の音を一つの調和体として創造してしまったのがバイオリンという傑作です。

バイオリン胴体の表面にトウヒが、裏面にメイプルが使われており、その表と裏をつなぐ材料が胴体の中に隠れています。小さな柱のようなもので彼の地では単に「ポール」と呼ぶようですが、日本人はこの「柱」を「魂柱」と表現しています。この表現も凄い！バイオリンを創造した功績は譲り渡しても、その本質を表現できるのは日本人が遺伝子的に持っている世界観、日本語の世界ならではのものかも知れません。と言うことは、日本語は本質的に生命の領域に深く関わっていると言うこと……!?

カエデの仲間ではイタヤカエデは大きくなる種類。写真のカエデはまだ直径25㎝、後100年もすればメイド・イン・ジャパンのバイオリンになれるかも……。

相変わらず光を受け止める葉が美しい。植物の太陽光装置は美しい。使い終わった後、昔は最高の堆肥となりました。

この写真の木で、直径20㎝ぐらいですが、大きいものだと
70 ~ 80㎝ぐらいになります。

イタヤカエデには変種が数あり、本来であれば分けてご紹
介すべきなのでしょうが、一括りにしてあります。葉の形
の違いから、エンコウカエデ 、オニイタヤもイタヤカエデ
にしています。

26.ミツデカエデ（カエデ科）

スナップを効かしてこれから弾けようとする葉。生命力の横溢を感じます。

ミツデカエデが1本、ありました。

大きくなる木らしいですが、写真の木はまだ3mぐらいです。樹木写真には一番良い季節に撮影。芽を出し、葉の形になってきて、今まさに勢いよく葉を広げようとするちょうどその直前の写真です。

この葉っぱたちは、これから6ヶ月間、生命の維持拡大工場としてフル稼働します。太陽光を生かす技術（能力）は、人間は到底植物にはかないません。そしてさらに、植物の装置は美しく、人間が作った装置は、美しいとは言えません。植物の装置は、すぐに分解し、次の部品になりますが、人間の作った装置は、今から20年先を見越して準備しておかないと、大変なことになります。

私たち人間は、植物に頼ることでしか生命を維持できません。この絶対的な事実を、決して私たちは忘れるべきではないのです。それを踏まえた上で、もう少し節度を持って山林の開発利用をして行くべきではないでしょうか。

ミツデカエデはこの写真の木、1本しかこの里山では確認しておりません。今までは何の気なしに下草を刈っておりましたが、今年からよく注意して刈ろうと思います。せめて4~5本は確認したい。

個人の好みを申し上げるようで恐縮ですが、私はこのミツデカエデの葉がとても気に入ってます。形と大きさのバランス、葉のつき方、そして長く伸びたうっすらと赤い葉柄、何とも言えない愛らしい姿ではありませんか。

うっすらと白い斑点のある灰白色の樹皮。

植物の太陽光装置を設置中。最大限効率よく、光のくる場所に設置します。

27.ウリカエデ（カエデ科）

ウリカエデもつなぐ
森のグラデーション。

木の肌がウリに似ているからウリカエデ。幹は緑がかっており（個体差がありますが、ほぼ緑というものもある）、ブツブツ小さなコブのようなものがあり、中にはコブだらけというものもあります。乾燥して色が抜けると、瞬間、サンショウの木と勘違いするほどです。

幹も緑が強ければ、葉も緑が濃いようです。隣に生えている同じカエデ科のミツデカエデの葉に比べると倍ぐらい色が濃い感じがします。

面白いですね。葉の色一つとっても緑という一言では括りきれません。それぞれに独自に緑の色を持っています。これが森全体として、様々な樹種によって奏でられる緑のグラデーション効果です。特に新緑の時期には、日の光を透かした無数の色調の違う緑色が、森を奏でています。美しく無いはずがありません。

追記
直立しているウリカエデを見かけません。これはこの木の習性なのか、それとも芽を出し、幼樹木を過ごした時の環境のせいなのか、判断がつきません。

ボツボツと突起がついています。緑色の樹皮にこの感じ、これがウリの感じで、名前の由来。

中央右に傾いでいる木がウリカエデ。ほとんどのウリカエデがこのように傾いでいます。疑問の残るところです。

28.オオイタヤメイゲツ（カエデ科）

イロハモミジが、10年後、オオイタヤメイゲツとなりました。

ガサ藪だった雑木林を整備し、そこにログハウスを建てたのは10年以上前。その時に、真っ先に印象に残った木の一つが、目の前に立っていたこのオオイタヤメイゲツです。秋も深まり、日に日に葉が赤くなっていく様は、朝起きるたびに、夕方帰宅するたびに、紅葉進行度合いを意識せずにはいられませんでした。ひときわ鮮やかに、真っ赤に染まった1本だったのです。

何年後か、その木に異変が現れました。葉の数が極端に少なくなり、紅葉しても今ひとつ見栄えがしないようになってしまったのです。原因はわからず。その後幾年かはそんな状態が続きました。さらにあろうことか、業者さんが重機をぶつけ、木の肌にかなりの損傷を与えてしまう始末。急ぎ、その傷口に植物再生用のMr.Xを塗布し、処置しました。それが効を奏したのか、それから5年後の写真です。樹勢も回復し、葉の数もほぼ元に戻っています。

実は、最近までこの木をイロハモミジだとばかり思っていました。オオイタヤメイゲツだと気づいたのはつい先日、10年もの間、ずっと気づかなかったのです。見ているようで見ていないとはまさにこのことで、先入観の情けなさを思い知る一件でした。

29.ハクモクレン（モクレン科）

春を詠む漢詩の世界を、
日本の里山で。

ずっと長いこと、疑いもなくコブシだと思っていましたが、丹念に樹木調査を続けるうちに、だんだん自信がなくなり、もしかしたら違うかもしれないという気持ちになってきております。

ほとんどがコブシですが、どうも目の前の「前庭の森」に咲く花はハクモクレンのような気がします。花の咲く時期が少し早く、葉をつける前に花を咲かせ、花は上を向いて咲いてます。15m上方に固まって咲いている花を望遠鏡で覗くと、花びらの厚みもあるようです。（でも、完璧な自信はない）

目の前にある風景です。このハクモクレンの花に気づいて6年、気づいた時の花の数は、ほんの数える程。それ以前は、この木の存在自体に気づくことができませんでした。それほど森の中が荒れていたのです。光が当たるようになり、風が通うようになると正直なもので、ご覧のように今では沢山の花を咲かせています。

ひっそりと音もなく、誰に見られるともなく、高いところで咲いているハクモクレンの花。花が落ちてはじめて気づき、鳥が鳴いてはじめて静かさに気づく、まさに春の自然を詠む漢詩の世界です。

花が咲き始めました。コブシより一足早いようです。

樹皮だけでは見分けがつきません。まだ修行が甘いのでしょうか……。

満開です。以前はこの1/10も咲きませんでした。いえ、もっとです、1/20ぐらいしか咲きませんでした。植物の現状をみて逆に環境を考えていかなければなりません。樹木がなかったら私たちは呼吸ができなくなってしまいます。健全な樹木から健全な酸素ができる。

30.コシアブラ（ウコギ科）

新芽は、春の山菜の一つです。

なにっ、ウコギ科 !? お前もか！という感じ。ウドやタラノキと同じ、春の山菜の一つです。新芽を天ぷらにしたり、お浸しにしたりして食すようですが、私の実家で食べる習慣がなかったせいか、まだ食べた事がありません。春の山菜といえば、何と言ってもタラノキの芽でした。これは父親の大好物だったせいだと思います。

ウコギ科というのは、何か独自の強い生命力を持っているのでしょうか。初期の成長が早く、草が生え出すとコシアブラも一緒になって芽を出し、ぐんぐん成長して行きます。タラノキもヤマウコギも同じで、ものすごい繁殖力と成長の早さです。こういうエネルギッシュな植物の、まさに溌剌瞬間の新芽を食べるのですから、春の山菜採りの虜になる人が多いのも頷けます。

写真の木は、もう既に、6~7mには成長しております。コシアブラは大きいものだと高さ20mぐらいになるそうですが、流石にそこまで大きな木はまだ見たことがありません。

追記.1

材は白色系で削りやすく、山形県米沢市の伝統的な木彫工芸品、笹野一刀彫の材料として使われています。

追記.2

トゲがないので、新芽を摘むにしても痛い思いをしなくて済みます。

白い島斑点、プチプチ付きの灰白色の樹皮。

5枚1セットでこのようについてます。大きな葉です。1枚の葉の長さら20㎝を超えます。

31.アカメガシワ（トウダイグサ科）

多種多様な樹木が共存できる里山であって欲しい。

数年前、道路脇のアカメガシワが強風で倒されました。「ドサッ」という音がし、見たら電線に触れもせず、意図したように平行に倒れていったらしいのです。「あぁ、これでアカメガシワは無くなった」と、当時は思いました。

それから数年間、この里山にはアカメガシワはないと思っていました。ところが、赤松が1本枯れたおかげで、アカメガシワを発

見。灯台元暗し、とはよく言ったものです。前庭の森にあるではないですか！枯れ松をどうしようか見に行って根元から見上げた時に、「あれっ、このアヒルの水かきのような葉っぱは……」あったのです！枯れたマツの隣に何気に立っているではないですか！下を見ると、幼樹が沢山生えているではないですか！

これで、マイナス1された里山の樹種も元に戻りました。あったものがなくなるというのは、どこか寂しい気持ちがするものです。できるだけ多種多様な樹木が共存できる里山であって欲しいと思います。

森の世界
森には　何一つ無駄がない
植物も　動物も　微生物も
みんなつらなっている
一生懸命生きている
一種の生き物が　森を支配することのないように
神の定めた　調和の世界だ
森には　美もあり　愛もある
はげしい闘いもある
だが　ウソがない
詩集「どろ亀さん」（高橋延清著）より

もう30年も前、どろ亀さんと一緒に富良野の森を歩いた記憶が蘇ってきます。

32.シラカシ（ブナ科）

スピード感を持って、一直線に、遠くまで届く音の持ち主。

本当に懐かしい、思い出いっぱいの木……。私の30代のほぼ10年間は、木、一色でした。立木ではなく木材の方ですが、北海道から九州まで木材を探してさまよい歩きました。その10年間の幕開けを飾ったのがシラカシ、そしてすぐにアカガシ、ヤマザクラ。木の素材感に魅了され、毎日飽きもせずに眺め、触り、365日、10年間。

その10年間で培った感覚をベースに、今は立木を見ています。そのようなわけで、立っている木を見ても幹の中身を想像してしまいます。シラカシを見たら、それこそ当時の情景が木材とともに鮮やかに蘇ってきます。

このシラカシの音は良いですよ。みなさん、拍子木の音をご存知ですか？叩いた時に、その場から一直線に、遠くまで、スピード感を持って放射される音。音の伝播速度に違いはないと思いますが、速く感じます。

シラカシは別名関東樫と呼ばれます。材の色が白いのでシラカシ、重くて硬くて靭性のある性質です。用途は様々で、カンナの台や器具の柄、昔は囲炉裏の炉縁などに使われたそうです。

炭や薪として使用しても火力の強い優秀な材料です。植木としては隣家との境に植えられたそうです。万が一の火災の時に、延焼を防ぐ事を目的としました。ただ、かなり大きくなる木なので、50年、100年先を見越して植える場所を考えなければなりません。

直径15㎝ぐらい。まだまだ大きくなります。大きなものは直径1mぐらいになります。とても魅力的な材ですが、乾燥が難しい。厚くて大きな板を割れずに乾燥させるのは至難の技。

大きくなると、隣の枯れ松よりも高くなります。

33.ヒノキ（ヒノキ科）

ヒノキには「日の木」と言うイメージがあります。

ヒノキは日本の建築文化の中では、やはり一番の代表格。それは疑いようもありませんが、どちらかと言うと聖なる領域で活躍してきた木と言えるでしょう。

ヒノキは漢字で書くと桧、あるいは檜、ですが、なぜこの字を作ったのか私にはよく理解できません。もし私が漢字を当てはめるとしたら「日ノ木」としていたと思います。文字通りお日様の木であり、伊勢神宮のイメージから天照大御神につながるからです。そして連想ついでに申し上げると、杉の木は素盞鳴尊（スサノオノミコト）をなぜかイメージしてしまいます。

ヒノキは針葉樹の中ではもっとも硬くて強い材のひとつです。強度、防虫、防腐いづれの能力も高く、やはり建築材としては優秀です。ただ木としての面白みという点では、色々と意見があることと思います。変化に富むというイメージはあまりありません。むしろそれだからこそ、俗世ではない、神社や仏閣にはちょうどよかったのかもしれません。

それとヒノキの中でも、木曽檜は別格だと私は見ています。日本中のヒノキを見たわけではないので断言はいたしませんが、木曽檜とそれ以外、という感じです。徳川幕府が木曽檜の産地を天領とした意図がわかるような気がします。お陰で木曽の人たちは大変な思いをした歴史があるようです。

写真のヒノキは在野にある普通のヒノキです。枝もバンバン出ており、「火ノ木」と当て字しても良いくらいです、暴れまくってます。

未だこの葉っぱの見分けが一瞬でできません。ルーペで葉の裏側の模様を見て、ヒノキ、と特定している段階です。

この少し赤っぽいところ、樹皮がめくれあげるように暴れかけているところ、この感じはヒノキです。サワラはもっと大人しい感じです。

遠慮なく枝を出して伸び放題。見ていて面白いですが、建築に使うときは、好みが別れそうです。赤節ばかりの柱も面白いんですが……。

34.マグワ（クワ科）

自然は、人間の心を映す鏡かも知れません。

蚕様に食べさせるのは主にこのマグワの方だったと言いますが、この辺りではヤマグワの方が数が多いようです。いずれにしても、今、山林に自生している桑は皆養蚕業を営んでいたころに植えられたものが野生化したものです。

文明開化推進のための外貨獲得、そのための基幹産業の一つが絹織物。富岡製糸工場は隣の県ですが、明治期、この近辺はどこでも蚕様を飼っていたようです。3~4代前の先祖の時代ですから、我が家では祖祖祖父の清右エ門さん、祖祖父の春吉さんの代です。

山林を構成する樹種およびそのあり方はその時代時代の人々の暮らしの履歴を残すものです。私たちはここ40年、50年の間、無関心、放置という履歴を残してしまいました。この期間にどういう意味が生じてくるのか、それは私たちおよびその後の世代が、この里山に何を創造し、暮らしを作り上げて行くかにかかっています。このまま無関心が続けば、自然の中には人心荒廃という履歴も残されてしまうかも知れません。短絡的で残酷な事件を耳にするたびに強くそう思います。命に対する捉え方が、あまりにも軽い、と感じるのは私一人でしょうか。

追記

桑のパワーはすごいです。桑の根は桑白皮（そうはくひ）と言われ、漢方では高血圧の予防や疲労回復などに使われていますし、若葉は細かく砕き、お茶代わりに飲用されています。また、ソウハクヒのエキスは、美白効果があるらしく、基礎化粧品に配合されているといいます。材も、ただ者ではないです。床柱などの建築材、高級和家具の材料として重宝されました。我が家では、桑の盃とコップがあります。桑の香りと相まって、さらにお酒が美味しくなります。ヒノキの盃に次いでお気に入りです。

何本にも株別れしています。芽を出してから10年のうちに何度か伐られているのかも知れません。いまひとつ樹勢が乗ってきていません。

この写真の木で直径20㎝。桑の木としては大きい方です。桑は不思議議なパワーの持ち主です。お酒が美味しくなります。

35.ウメモドキ（モチノキ科）

この赤い実は、小鳥が好んで食べます。

庭木でこの木を知ったのが最初ですから、ごく普通に自生しているとはいえ、山林の中でみるとある種の新鮮さがあります。漢字で書くと「梅擬」。意味は、梅のようだけど梅ではないということです。先に、ウメという基準があって、その梅と照らし合わせたときに、葉っぱが似ている、実が似ている、ということでウメモドキ、になったと言います。

「モドキ」と言われる割には、庭木として人気があるようです。あまり大きくならないで木あることは庭木選定の大きな要因ですが、それに加えて、このウメモドキの赤い実のなり方は、それなりに強い印象を与えるため、灯篭などの添え木に好まれるようです。ただ、実の大きさが小さい、数が多いという形態の木は、なかなか主役にはなりにくいようです。どうしても脇役、あるいは将棋でいえば、歩兵部隊のような感じで、中心の陣形を作るものは他にいるようです。ウメモドキの場合、それが様々な類似性の上から、梅と比較されたということなのでしょう。

人間が、どのように物事を認識するかという側面を、このウメモドキの命名の仕方から改めて考えさせられました。やはり、人間は一方的で、勝手です。「～モドキ」などという名前をつけられた側からしてみれば、迷惑な話です。樹木の側から見たら、自然を壊したり、ゴミを捨てたりする人種は、「人間もどき」と言われるかもしれませんね。

この赤い実のどこが梅に似ているのか、いまひとつわかりません。葉はウメよりは小ぶり。似ていると言えば似ている、という程度の類似性です。

樹皮は、やはりモチノキ科です。

この木で樹高はおよそ3m。自然木なので、手入れは全くしていません。樹形は、芽生えて、ここまで育った時の環境を表しています。今は、のびのびとした環境です。

36.ツノハシバミ（カバノキ科）

日本のヘーゼルナッツ。

ヘーゼルナッツはヨーロッパ原産のセイヨウハシバミの実。ツノハシバミの近縁種です。ツノハシバミの実も、美味で脂肪に富み、渋みがなく生でも食べられるそうです。そうと知っていれば草と一緒に刈らずに済んだものを……知るのが遅かった！

このツノハシバミが集中して生えているところは、ひびきの里の中では、孤島の森です。大きくなる木ではありません。樹高は4~5m止まりの種。写真の木でだいたいそれくらいですから、ツノハシバミとしては大きな部類に入ります。

この名前の由来は、実の形からきています。独特のかたちをしており、それをツノと見立てることからツノハシバミとなりました。（その実が美味しいとは!!!）

ぜひ、森の中で栽培してみたいものです。孤島の森がやがてナッツの森に変わる、ということだってあるかもしれません。それが人と自然の交流の姿として、ごく自然に形作られてくるものであれば、とても素敵なことです。自然の恵と人の知恵と努力によって穏やかに生活が営まれる、里山の暮らしの理想形と言えるでしょう。

流れとは、関係性の総体から弾き出されてくる方向性を持った動きのこと、なんて言って喜んでいる時代もありました。その流れはとうの昔に過ぎ去りましたが……。

ツノハシバミの実。

灰白色の樹皮。写真の木で直径約7㎝。ツノハシバミとしては大きい方です。

写真真ん中の何株にも分かれている木がツノハシバミ。他の木と混ざり合いよく判別できにくいと思いますが、森の中で生えている雰囲気を伝えることができれば、という写真です。

37.ヤマハギ（マメ科）

いかにもマメ科、という葉っぱです。

秋の七草の一つ、萩。萩はヤマハギのこと。これは草ではなく樹木に分類されています。正直、ヤマハギやコゴメウツギぐらいになってくると、自分の中では樹木というより、草という感覚です。刈っても、刈ってもどんどん生えてきて、見上げた経験がありません。

しかし、解説書によると、高さは3mぐらいまでにはなり、直径は3cmぐらいにはなるということです。毎年、草と一緒に刈ってしまうということもあり、そこまで大きくなったものはまだお目にかかったことがありません。確かにそのくらいの大きさになれば、樹木という感じになるでしょう。今度、どれか特定の個体を選び、刈らずに観察を続けてみようと思います。

秋になると紫色の花を咲かせますが、繁殖力が強く、きちんと管理しておかないと萩だらけ、となりかねません。そう言えば、萩の枝で作る「萩垣」なるものがあるそうな。数の増えるものを上手に利用した、ということなのでしょうか……。

38.ヤブデマリ（スイカズラ科）

葉の愛らしい
美しさが魅力の木です。

落葉低木、薮手毬。何と言ってもこの木の一番の魅力は葉の愛らしい美しさ。漢字で表記した時の「毬」の字がつくのもぴったりです。

元来、樹形が整いにくいため、庭木として使われることがなかったそうですが、近年の庭づくりには雑木林スタイルというものが増えたらしく、脇役として登場する機会が増えてきたということです。高さ2~3mぐらいになるそうですから、脇役というより準脇役ぐらいにはなります。

庭造りも、定型のスタイルからフリースタイルに変わってきております。楽しみながら自然を知るという意味では、歓迎すべき流れなのではないでしょうか。

この里山では、個体数はそれほど多くありません。

39.タカノツメ（ウコギ科）

棘無しウコギ科の山菜です。

鷹の爪、葉の形と出方から連想された名前です。若芽は山菜とされ、コシアブラと並ぶ春の味覚。同じウコギ科でも、タカノツメ、コシアブラは棘がなく、タラノキ、ヤマウコギ、ハリギリと言った鋭い棘をもつ木と違って、痛い思いをせずに収穫できます。

このあたりの里山では、コシアブラはよく見かけますが、タカノツメはあまり見かけません。草と一緒に刈ってしまっているのか、それとも木が大きくなり過ぎて気付かないだけなのか……。

樹高は大きなものだと15mぐらいになるそうです。そのくらいの大きさになると、普通は肉眼では葉の形を確認することが難しくなりますが、タカノツメであればシルエットが特徴的ですから、案外容易に判別できるかもしれません。と言うことは、上を向いて調査しきれていないと言うことか……、たかだか7万坪の里山林でも、丹念に調査するとなったら、想像以上に大仕事です。

傾いだ樹形。倒木に寄りかかられた影響です。樹高2mぐらい。

40.ガマズミ（バラ科）

子供の頃の記憶を、
劣悪な現状で
上書き修正したくありません。

幼少の頃の思い出がくっついている木です。山中で、赤い実をびっしりとつけているこの木はターゲットの一つ。小さな赤い実は1つや2つだとまともに噛むこともできませんから、手の指で濾し取って、できるだけ大量に頬張り、何度か噛んで汁だけ吸って、ペッ、です。

ちょっと酸味のある、何というか野趣味のある味で、美味しいと思っていたのかどうか、その辺の記憶はありません。今思い返せば、味云々よりも、雰囲気を味わっていたのだと思います。よほど不味いものでない限り、野の果実は遊びの対象でした。常にドキドキ感がありました。

あの時の体験があるから、荒れた山林を見ることに忍びないのかもしれません。自分の中に生きている記憶が、もしかしたら夢でも見たのではないかと思うくらい、現実とのギャップがありました。

ふくらみのあるキレイな形の葉です。周辺のデザインが違いますが、ヤブデマリの葉に似ています。

白い花が咲いています。

この小さな赤い実を一つ一つ噛むなんて無理。濾し取ってそのまま口の中へ。

41.ヤマウグイスカグラ（スイカズラ科）

SNS時代だからこそ、
里山再生の道が開けるとも……。

今回、約半年に渡り徹底調査した里山の樹木の中で、最後までわからなかったものが、このヤマウグイスカグラです。日本全国には優秀な方がいるもので、フェイスブック上に質問を掲載したところ、FBフレンドの方からすぐに回答をいただきました。大変に有り難かったです。情報化社会の一面を垣間見た思いです。もしこれが図鑑やネット上のストックデータだけで調べるとなったら、大変な労力がかかっていたことでしょう。SNSメディアの威力をみた思いです。

さてこのヤマウグイスカグラ、けっこうあちこちに芽を出してきます。大概は草と一緒に刈ってしまうのですが、この赤い果実は瑞々しくて、ほのかに甘くて（甘露）美味しいんです。意外にこんなものを鉢植えにして都会の方に届けてあげたら喜ばれるのかもしれません。里山と都会のマッチング、そう小難しいことを考えずとも、身の回りに沢山のヒントがあるのかもしれませんね。

SNS時代だからこそ、里山再生の道が開けるとも言えそうです。

ミズキの森

森の中には様々な昔の名残があります。炭を焼いた後だと思える小さなクレーターのようなところ。水捌けを管理するために作ったであろう人工的な小川。人工的と言っても長年月の間に全く自然の川と化してしまうので、何の違和感もありません。家畜を繋いだであろう杭の後など。

家の周りでも、森の中でも、水はけの管理はとても大切なことです。昔の人は森の中まできちんと水はけの管理をしていたのでしょう。しかし、人と山林の関係が途絶えてしまうということは、かつての痕跡も消えて無くなっていくということです。ミズキの森は、水路の行き先がなくなってしまったところに広がる、いわば準湿地の森です。

ここにはミズキを始め、ハンノキ、ズミといった湿地を好む木が多く生育しています。

42.ミズキ（ミズキ科）

ミズキ、瑞穂、違和感のない連想だと思います。

木々たちは冬の間に春の準備をしています。枝の先端に蕾を膨らませながら、じっと冬をやり過ごしています。春、もうすぐ芽を出すぞ！というサインを、早々と送ってくる木もあります。枝を赤く染めながら、いち早く芽吹くのもミズキ。また、枝を大きく横に伸ばしながら、階段状に、階層的に、枝葉の領域を作っていくのもミズキです。この姿を遠くから眺めると、その特徴が良くわかります。

それと名前のごとく、水を大量に吸い上げます。早春など、うっかり枝を伐ってしまおうものなら、後から後から涙が流れてくるようで、「お願いだから、そんなに泣かないでくれよ」と声をかけてあげたくなるくらいです。そのくらいだから、水気の多い場所を好んで生育します。森の状態は、扉でご紹介した通りです。

追記

ミズキの材は、縁起を担ぐようなところもあり、地域によっては、家を建てるときには必ずどこかにミズキの材を使った方が良い、と言われているところもあります。ミズキ、瑞穂、この音的類似性から出てきた発想でしょうか?通常、ミズキ材はコケシなどに好んで使われ、色白のきのめ細かい材質です。

43.イロハモミジ（カエデ科）

間伐によってデザインする、里山の景観美。

里山の景観をデザインするとき、もっとも意識している木の一つです。もみじの紅葉は美しい、これを活かさない手はありません。

景観のデザインといっても、何かを植栽していくわけではなく、逆に、伐採する木を選定するということです。人の手の入らない里山林は過密過ぎます。過密になった状態は、エゴとエゴの塊がぶつかり合ったような姿をしています。しかし、ここに人がちょっと手を加えると、美しい調和の世界が出現します。

どの木を伐ってどの木を残すか、樹種の構成はどうか、光の入り具合はどうか、風は通るか、景観はどうか、などなど、それこそその場その場で考えうる限りのシュミレーションをしながら伐採木を選定していきます。その選定をする時に、イロハモミジを中心に景観を考えることも多いと言うことです。

このように里山は植栽ではなく、間伐によってデザインされ、動きのあるダイナミックな時間軸の中で成長していきます。この動きを楽しむことが自然を楽しむことの醍醐味。まさに人と自然の合作空間、交流地、それが里山です。

追記
環境を整備すると、葉の数が多くなり、紅葉の色がよりあざやかになります。光がよくあたり、風が通るからでしょうが、勢いを増した樹木たちが根から吸い上げる元素のバランスが変わってくるということなのかもしれませんね。

カエデ、カエルの手。紅葉ももちろん美しいですが、光が透過するこの感じも気持ちが良い。

極端に大きくなる木ではありませんが、年月を経た風格は根元に現れます。

この里山一番の紅葉林。通りがかりに車を止めて写真を撮る人も増えてきました。10年前、ここは厚い篠壁の密林でした。想像もできないことでしょう。誰一人近寄る者もなく、近寄れる人もなく、投げ捨てられたゴミだけが堆積していた、そんな場所でした。ここは特別なところではありません。本来、日本は、このような景観に満ちている国のはず、なのですが……。

44.ハンノキ（カバノキ科）

環境に応じた樹種構成の例。

人々の暮らし環境を作るには、先ずは水の管理です。それは今も昔も変わっていないことでしょう。水の無いところには用水路を作り水を引く。水吐けがはっきりしないところには、水路を作り水を流す。昔は山林の中でも、そういう風にして管理していたようです。近くの山中に、その名残りがあります。地元の人の話によると、50年前までは川が流れていたということです。50～60mぐらいのはっきりとした水路（小川）があるのですが、すぐに姿を消してしまいます。山林と人の暮らしの関係が途絶え、その後、落ち葉などで川は埋まってしまったのでしょう。水の流れる先がはっきりせず、その辺り一帯が、準湿地のようになっています。

そんな水気の多いところを好んで生育するのがこのハンノキです。カバノキ科で、大きいものは樹高20メートルぐらいになり、幹の直径は60㎝ぐらいまでになるそうです。材はオレンジ黄色のような色をしており、油分をかなり含むことから生木でもよく燃えます。

意外に背の高くなる木です。この写真の木で約15mぐらい。

追記

昔、ハンノキの板でまな板を作ったことがありましたが、材には適度な柔らかさがあり、思いの外まな板には向いていたようです。一般的に、まな板に向いている木としては、一番がバッコヤナギ、次がイチョウと言われていますが、その次がもしかしたらハンノキかもしれません。それからハンノキには造血成分が含まれており、漢方薬に使われているそうです。

ワイルドな樹皮。傷つけるとオレンジ色の樹液が流れてくる。この樹液は染料にも使われます。

準湿地帯。雨が降った後は長靴を履いていかないと行けません。今、水路を作って水管理をして良いものかどうか、数年様子を見ているところです。

45.マルバウツギ（アジサイ科）

たった1枚の写真の背景を知ることが、可能性を呼び覚ます。

ウツギを漢字で書くと「空木」。ひびきの里山では5種類の「〜ウツギ」を確認していますが、科目が違います。マルバウツギはアジサイ科、ウツギ、ノリウツギはユキノシタ科、コゴメウツギはバラ科。ミツバウツギはミツバウツギ科。

一体、このウツギという名に共通する特徴は何？確かにユキノシタ科のウツギは幹の中が空洞です。その他3種は、それほどでもないと思います。確かに、何か芯のところに詰め物をしたような感じであり、その詰め物を取ってしまえば空洞になります。名前のつけ方に合点がいかないものの一つです。

さて、名前はともかくとして、このマルバ（丸い葉ではないです）ウツギの花は清楚で美しいですね。濃い緑色をした葉を背景に純白の小さな花、先端にはほんの少し黄色いポイント。里山ではこんな花がひっそりと咲くんです。何十年もの間、誰に見られることもなく、咲いては散り、咲いては散りを繰り返していたのでしょう。いえ、もしかしたらつい最近までは、花を咲かすこともできなかったのかもしれません。

この場所は50年前までは畑だったところです。そしてつい最近までは密林だっとところだからです。その密林時の写真は232ページのビフォー・アフターのコーナーでも大きく紹介しています。この清々しいマルバウツギの写真からは想像もできないことでしょう。そして里山の可能性と言われても、それもピンとくることはないでしょう。

雨上がり、まだ葉に水滴が残っているタイミング。なんて美しいのでしょう！

冬から春にかけての時期に撮影した写真です。この時期で此れですから、6月、7月に撮影したらもっととんでもない状態です。ここまでひどくないにしてもこれが日本の里山の現状です。

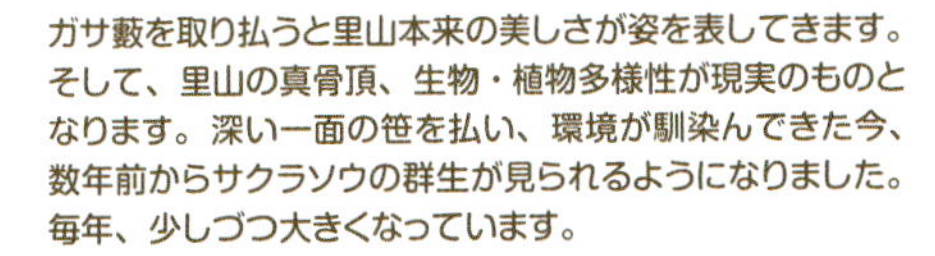

ガサ藪を取り払うと里山本来の美しさが姿を表してきます。そして、里山の真骨頂、生物・植物多様性が現実のものとなります。深い一面の笹を払い、環境が馴染んできた今、数年前からサクラソウの群生が見られるようになりました。毎年、少しづつ大きくなっています。

46.ホオノキ（モクレン科）

下を向いていても、ホオノキのある場所はわかります。

亀の甲を焼いて占うことを「卜」（ぼく）と言います。 木+卜で朴。昔から不思議に思っていたのですが、何を表すためにホオノキをこの漢字で表したのでしょうか？このホオノキの生育状態を観察することで、その森の状態が判断できるという意味でもあるのでしょうか?

一つの森の中にそれほど多く生える木ではありません。ひびきの里全体でも20本ぐらいは確認しています。決して多いとは言えませんが、無くなる心配もないというところでしょう。

ホオノキはアレロパシーの力が強く、この木の下には草が生えずらいと言います。確かにそういうこともあるのかも知れませんが、荒れた山林の中では、ホオノキの下といえども背丈以上の笹がびっしりと生えています。もしかしたら、ホオノキの下に笹が生えるようでダメだという目安でもあるのでしょうか。

ホオノキの用途は、食べ物関連では葉が役に立っています。日本一大きな葉?（面積は桐の方が大きいか）、殺菌力があるということで、朴葉味噌や朴葉寿司など。それから、材としては机の引き出しに使われます。なぜ、引き出しなのか？昔は引き出しにレールなどついておりませんから、引き出す時に一番具合の良いもの、暴れないものを選んだということなのでしょう。引き出す時の摩擦音と感触が快適です。それから刀の鞘に使われます。これも適材適所、それぞれの用途を作り上げた日本の木工職人さんに敬意を表したいくらいです。

47.シナノキ（シナノキ科）

目標を持って諦めないこと、が導く真理。

木材に関心を持つのと、立木に関心を持つのと、全然感覚が違います。今にして思えば、木材から木の世界へ入ってよかったとつくづく思います。理由はいくつもありますが、木材の世界へ馴染んでいくには絶対的な時間が必要だからです。知識を重ね、深めるだけでは理解し得ない世界で、意識も含め、5感も6感も使って向き合わなければ入っていけない世界です。

さて、シナノキですが、木材で木と向かい合っているときには、正直、あまり魅力を感じませんでした。当時の関心ごとは、シャキッとしたキレイな音を持っていること、ふくよかで解放的な音を持っていること、言葉にするとそんな木を好んでいたからです。そう言う意味で、シナノキは柔らかいし、はっきりしないし、軽いし、弱いし、と言う位置付けでしたので、当時の関心ごとからは外れていたわけです。今にして思えば、笑ってしまいますが、全くもって無責任な、一方的な好き嫌いです。若かった、青かったと言うのはこういうことでしょう。

今は、森の中でシナノキを見るのは大好きです。葉の形は美しいし、幹の感じも品の良い野性味があります。この感覚から、今度は、もし材として使うにはどう言うところに使ったら良いだろう？と言う発想になります。目標を持って年を重ねれば人間も変わります。必ず受け入れる範囲がより大きくなります。なぜか……、物事のつながりが大きく、そして深くなっているからです。ごくごく単純な真理です。

このシナノキの葉が美しいです。優しい美しさです。

シナ布はこのシナノキの樹皮から。皮を剥がすとわかるのですが、編み込んだような繊維です。

まだ若木です。長くて20年と言うところだと思います。森の中では、できるだけ高く伸びるところから次の段階が始まります。光を求めて上方空間の取り合いです。

48.ヤマグワ（クワ科）

絹という、動物性の衣をまとうことの意味。

衣を身にまとうことの意味、考えたことがありますか?素材は、自然のものだと絹、綿、麻、皮革というところでしょうか。素材ごとにそれぞれ特徴があります。暑さ、寒さを和らげるという意味もあるでしょう。着飾る、いわゆるファッションとしての意味もあるでしょう。さらには麻のように、特別の意味を持つものもあるでしょう。神事を司る時にまとう衣は麻であると聞いたことがあります。確かに、麻には神気を集めるような雰囲気があります。

それでは、桑の葉を食べて蚕様が作る絹にはどういう意味があるのでしょう。古代より貴重なものとして扱われてきた絹織物。発祥の地、中国から輸出される経路が「シルクロード」という名前になって残っているほどです。

綿や麻は植物性の糸、絹は動物性の糸です。食べ物でもそうですが、植生性のものと動物性のものとでは、爆発的な力の出方が全く違います。体力を使う仕事をする時には、やはりどうしたって「肉」を体が要求します。そういう特徴を考えた時に、絹という動物性の布を触媒として、人間は何らかのエネルギーを求めていたのかもしれません。言いっ放しで申し訳ありませんが、どうご自由に想像されてみてください。合っていようが間違っていようが大きな問題ではありません。大事なことは自分なりに物事のつながりをつけていくこと。あるいはつけようと一生懸命努力すること、だと思います。今の世の中、あまりにも○×□にしばられすぎてはいませんか？

春、桑の木が葉をつける前の姿。

夏、大きな葉をたくさんつけた桑の木。葉の重みで枝が地面についてます。

写真中央、背の低いこんもりした木がこ桑の木。遥か昔の養蚕業の名残。野生化した桑の木がぽつんポツンと生き延びています。3代、4代前の先祖の生業の一つだったのでしょう。明治時代初期の頃です。

49.サワラ（ヒノキ科）

1本のサワラの木が、広葉樹の森を引き立てています。

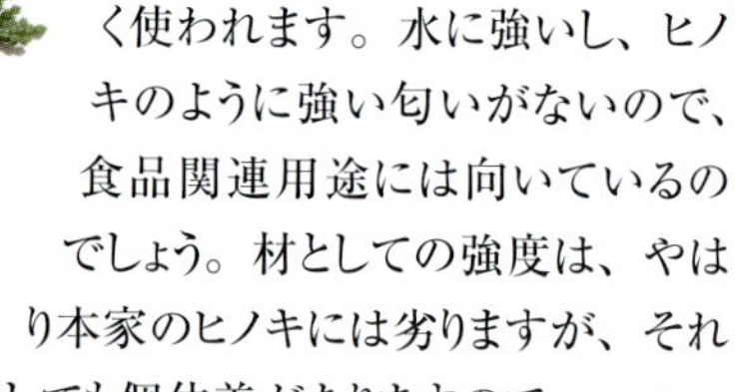

写真中央、トンガリ針葉樹、この木がヒノキ科のサワラです。雪景色の森にポツンと直立する針葉樹、美しいと思いませんか?樹形も絵になっています。ただ、材として使うには下の下まで枝があるので好まれないかも知れません。

私たちの身近なところでは寿司桶などによく使われます。水に強いし、ヒノキのように強い匂いがないので、食品関連用途には向いているのでしょう。材としての強度は、やはり本家のヒノキには劣りますが、それにしても個体差がありますので、一つ一つの材をみて使えば何も問題ありません。

ヒノキ、ヒバ、サワラ、これら3つは良く似ています。立木を見て一瞬で完璧に見分けるのは結構難しいです。ヒノキとサワラの違いで言えば、ヒノキは皮肌がめくれ上がるような、なんと言いますか、火のような強さを持ってます。それに比べサワラは無難にまとまっています。ヒバに関しては、あまり数多く見たことがないので良くわかりません。通常、これら3つの木を見分ける確実な方法は、葉の裏側の模様の違いです。

時々、このサワラの木の根元に来て、枝の傘の中でしばし過ごします。これだけ枝が出ていれば、何とか天辺まで登っていけそうです。

50.ウツギ（ユキノシタ科）

人間同士の約束事の前には、人と自然の約束事があります。

農家では、境木（さかいぎ）と呼ばれ知られていますが、伝統的な木工業界では、木釘の材料として知られているかも知れません。一般には、卯の花を咲かす木で知られていることでしょう。どのような親しみ方からその存在が知られるにしても、ウツギは空木です。中が空洞になっています。

さて、里山のウツギですが、今生えている木は相当古い木ばかりです。新しく人の手で植えられたものは皆無でしょう。昔は、農地の境などによく植えられました。写真のウツギも畑と畑の境界線上に立っています。里山でこの木を見かけたら、無闇に伐採することは避けなければなりません。一度、伐ってしまい注意を受けたことがありました。ほとんどと言って良いほど、境の木、という意味を持っています。

自然の中には人間が考える境界線なんてありません。境界線は人間が勝手に作り出した決め事にすぎないのです。もちろん社会的な約束事ですから守らなければいけません。しかしその約束事のもっと奥には、人間は地球から自然条件の全てを借りている、と言う厳然たる事実があります。このことを忘れると、自然に感謝するどころか、粗末にしたり、さらにひどくなるとゴミの捨て放題。「自分の土地にゴミを捨てて何が悪い」となります。見当違いも甚だしいのですが、社会全体として、もう一度じっくりと順を追って物事のつながりを確認して行く必要がありそうです。地球だって、いつまでも好き放題を許してはくれないでしょう。

卯の花。青空をバックに最高の配色です。

この木の根元。何本にも株立ちになっていますが、相当古い様子です。

境木として立ち始めて、さて何年たっているのでしょう。反対側の境界線上のウツギは山中にあります。ここまで多くの花はつけません。

51.カジカエデ（カエデ科）

カジカエデをきっかけに教えていただきました。

日本のカエデの仲間のうちでは一番に大きな葉です。樹高も大きいものだと20mを超えるそうです。この写真の木で15m前後、まだまだ大きくなりそうです。

上を見上げることもなく、樹皮だけをみているときは、この木がカエデの仲間だとは気づきませんでした。白い斑点が出ており、この里山でいえば、コシアブラかマルバアオダモのような感じでしたから、改めて調べてみようという気にならなかったのです。それがたまたま枯れた松が寄りかかったため、なんとか片付けなければと思い見上げたところ、葉の形が違うではないですか！切れ込みが深く、カエデのようなのですが、それにしては葉が大きい。一体なんだ???と言うことで調べたのが数年前です。

その時に初めてカジカエデだということがわかり、改めて森の中をみてみると、同じ森の中に数本確認できました。このように樹木の種類を一つ一つ確認していくと言うのは意外に地道な活動で、それなりに年月を要する作業です。経験してみるとわかるのですが、植物の同定作業というのは、やはり訓練を受けた専門家の領域なのだろうと思うこともしばしば。随分昔のことですが、これを全くの手本なしに子供達の野外授業の一環として、「図鑑作りコンテスト」など面白そう、と発想したことの甘さを思い知ることとなりました。しかし、地域限定の図鑑見本があれば、この発想はやがて活かせるかも……、という期待も生まれてきました。

追記

カジカエデは日本の固有種。名前の由来は、カジノキ（クワ科）の葉に似ていることから来たようです。ということは、カジノキの方が一般になじみが深いということなのでしょうか……、ね？

52.ヤマザクラ（バラ科）

山桜舞い散る里山の春。
秋には桜のメッセージ。

鑑賞を目的に品種改良されたソメイヨシノは葉をつける前に花を咲かせます。圧倒的な花数で、全体が桜色一色になります。それに対し、ヤマザクラは普通に芽吹きだしてから花を咲かます。時期も少し遅いです。

ヤマザクラの木は普通すらりと上に高く伸びるので、花は下から見上げても空に同化してしまってよく見えません。鑑賞するには離れたところから眺めるか、少し風の強い日に、木の近くに行って、舞い散る桜花を見るのが一番。この世の春とは思えぬひと時を満喫できます。

そう言えば、ここ何年か、サクラの葉が早くに紅葉し、散るのが早い気がします。気のせいだと良いのですが、自然界の何か大きな流れが変わったのでしょうか。植物は何を目安に毎年の季節の巡りを捉えるのでしょうか？気温、日照量、気圧、さらに何か人間には翻訳できない太陽光線の意味でしょうか、あるいは地球が土壌を通して語りかけてくるメッセージでしょうか。無機から有機を作り出す植物にその能力がないとは言い切れません。

自然の災害が増えています。これは今までの流れや常識とは違いますよ、という意味です。改めて災害の可能性を想定した常識を作り直さなければならない時期に入りました。ヤマザクラの葉が早々と散る現象に、私たちは何かのメッセージを読み取らなければならないのかも知れません。

山桜の花は遠くから眺めるとこんなに素敵。青空と常緑樹サワラの緑と新緑の緑との間に立つ山桜。樹冠に花の雲。風の強い日にはここから花びらが舞い落ちてきます。まるで天から舞い降りてくるような……。

すらりと立派な樹形。ヤマザクラは材としても優秀です。

53.ズミ（バラ科）

森林浴の本当の効果とは……。

直径6㎝のズミが樹齢約45年。芽を出したところの差で、直径10㎝でも樹齢30年というものもあります。だいたいこの手の木は樹齢30年を過ぎると、樹皮が老木の雰囲気を持ってきます。10年、15年の若木とは全く樹皮の感じが違います。

写真のズミは、谷地のような場所に群生していたうちの1本です。何本も間伐しましたが、細いので手鋸で伐採しました。手で伐ると木の組成の感じが伝わってくるのでその木の中まで想像で入っていけるような気がします。これがまた、実感で木に親しむ方法の一つでもあります。

さてこのズミは、白く清潔な花を咲かせます。樹高も低いので、わりと間近に花を見ることができます。自分を移動させることによって向こうから見たり、こっちから見たり、枝をたわませて上から見たり……。森の中へ散策に行けば、なかなか戻ってこない道理です。

人が自然に意識を向ける、気持ちを向けることによって、様々に移り変わる自然の風景といつの間にか同化してくる感覚、これが森林浴セラピーの本当の効果なのだと私は思っています。何かの物質を外から取り入れて元気になると言うのは、一瞬はあるのかもしれませんが、それは生きる力を引き出す本当の力とは言えません。生きる力は自分の中からしか湧き出てきません。外から取り入れよう、もらおうとする、その考え方の中にすでにエネルギーが低下する原因があります。これは自分への戒めでもあります。

さぁ、森へ行こう、森林浴をしましょう、そして自然に溶け込んでみましょう。そのキーワードは、共鳴、です。

54.ヤマツツジ（ツツジ科）

本当は、ただただ、生きることを全うする姿なのかも知れません。

ツツジの寿命ってどれくらいあるのだろう?ふと疑問が湧いてきました。と言いますのは、下草刈りをしていて、何度も同じツツジを刈ってしまっているからです。伐られても切られても根は生き残っているということですから。かなり強い木です。

調べてみると、800年なんていう数字も出てくるんですね、これには驚きです。昔、我が家のツツジ自慢の人に聞いた話ですが、高さ2~3mのこんもりしたツツジは500年ものだと言って自慢していましたが、そういうことだったのですね。

写真のヤマツツジはどれくらいの樹齢なのだろう？いや、正確には根齢なのだろう?でもどうやって根の年齢を特定するのだろう?幹は年輪で数えますが、根にも年輪に相当するものが残っているのでしょうか?これでまた課題が一つ増えました。

植物にもそれぞれに生存戦略があるようです。ただ、この戦略という言葉は本当はふさわしくないのかも知れません。

55.ナンテン（メギ科）

山中のナンテン、小鳥の姿を見る。

ナンテン、難を避けるという意味合いがあるそうです。それで庭木にも良く使われているのでしょう。そう言えば、昔、実家の庭にもナンテンが植わっていた記憶があります。いつの間にか姿が見えなくなってしまいましたが、ゲンを担ぐものは最後までお付き合いをしないと、どこかに引っ掛かりが残るものです。

この写真のナンテンは山中に1本だけあります。小鳥さんによって因子が運ばれたのでしょう。庭木の印象が強い木が、こうして、自然の中で、人間の関与をイメージさせない状態で存在していることに、新鮮さを覚えます。ある樹種が野生化するときの始まりの姿なのでしょうか。

オニグルミの森

良きにつけ、悪しきにつけ、この森は強い印象を残してくれました。一番最初に整備を手がけたところ、一番ゴミの堆積が多かったところ、一番交通の安全性を妨害していたところ、一番荒れた山林を印象づけていたところ、一番多く蜂に刺されたところ、一番多く木を間伐したところ、そして当然、一番最初に里山林の魅力を取り戻したところだからです。

その蘇った森の中で、一番印象に残る木が、本文中でご紹介しているオニグルミでした。このオニグルミの木の下には、クルミの殻が山のように落ちています。一体誰が食べたのか？姿は見えないけれど、リスの仕業に違いないのです。こうして風景に物語が生まれるようになりました。そこからオニグルミの森と呼ぶようになりました。

56.オニグルミ（クルミ科）

物語が創造できる風景を暮らしの中に作りたい。

クルミの殻が大量に落ちてます。リスの姿は見えませんが、想像することができます。

ガサ藪がなくなり、5年経った後の風景。土地全体の雰囲気も変わり、植生も豊かになっています。本来、日本の里山はこう言う風景で満ちているはずなのです。特別な空間ではありません。

人が見ている風景とは、総体を一瞬のうちに相対判断して捉えたものですので、アクセントのない風景は何も印象に残らないのです。というわけでこのクルミの木も、この森が荒れている時には全く存在自体気づきませんでした。

今は、写真を撮れば「絵」になるし、近くによれば、木の根元には大量のクルミの殻が散らばっているのが分かり、姿は見えないけれど、リスの存在も想像できるし、風景に物語が生まれてきます。私はこういう物語が創造されるような空間を「人々の豊かな暮らし空間」だと考えています。それには、里山は、やはり人の手が加わっていることが条件です。

さてこの木はどんなところに使われるのでしょうか。材の性質としては、衝撃を緩衝する能力の高い木です。同じクルミの仲間のブラック・ウォルナットなどは銃床に使われます。要するに鉄砲の握るところです。この銃床を、例えば、ナラやカシの木で作ったとしたらどうなるでしょうか、恐らく、衝撃で手が握れないという状態になるでしょう。

この緩衝能力、これを生かす使い方は、他にも、床材や椅子の材料に使うと広葉樹なのに立ってソフト、座ってソフトという状態を作ることができます。例えば、同じ形の椅子で、一つはナラ材で作られたもの、もう一つはクルミ材で作られたもの、座り比べてみてください。全然座りごごちが違いますから。

木を生活の中に生かすって楽しいですね。でも、そのノウハウを掴んでいくのには長い経験と検証と体力と関心、そして愛情が必要です。日本には、長い年月に渡って木を扱うノウハウが蓄積されています。

写真の中央、上の方にかすかに木の幹が見えます。これがこのオニグルミの木です。結構大きな木です。手前の笹がいかに背が高いかが分かります。

同じ場所の冬の風景。季節ごとに楽しむことのできる風景です。自然を楽しむとは、切り取った一瞬ではなく、移り変わる動きの中にその醍醐味があります。暮らしの中にあると言うことです。

57.エドヒガン（バラ科）

美しさが生まれる根拠が、あるのです。

サクラの中では長寿命の部類であり、大きくなるのがエドヒガン。世に知られしサクラの大木と言えば、エドヒガンが多いそうです。ひびきの里でも、エドヒガンは何本か確認しております。大木とまでは行かないまでも、伸び伸びとした立派な樹形を作っています。この写真の木は農地との隣接部分に生えている典型的な樹形をしています。

一本の枝のさらに枝分かれした枝が、これでもかというくらい横に伸びています。この枝を何気なく支え、違和感のない美しさを作っています。人間世界の力学で考えれば、どう見てもバランスのよくない形です。少し大きな地震が来れば、真っ先にバランスを崩す形ではないでしょうか。たとえ崩さなくとも、見ていて苦しい形です。

ところがこのエドヒガンは、個性的な形であることには違いないのですが、全体として、その環境の中で、バランスが悪いというようには見えません。これが自然の美しさの秘密なのでしょう。一本の木は、森と、その周りの環境と、全てを含めた条件の中で、自分の力に応じて自ずと形ができていくようです。

しかし、ここが里山の難しいところでもあり、一度人間が関わった森は、人間の関わりなしに美しい姿を保ち続けることができないのです。ここ50年の放置事実がそれを物語っています。美しさがなくなるということは、イコール森の健康が損なわれるということにつながります。このエドヒガンが美しいということは、その周りの環境が美しさを取り戻したということです。

3本の幹のように見えますが、1本の幹と2本の枝です。根元からの立ち上がりすぐに大きな枝になっています。

この短い立ち上がりから、横に大きく伸ばす大きな枝が出ています。枝の長さは10mはあろうかと言うもの。人間の感覚で言えば、葉を付けた状態でこれを支えるには容易ではありません。

どの木も写真右側になびいています。右側の空きスペースは以前、畑だったところです。

58.カマツカ（バラ科）

用途から生まれた名前。

カマツカの名前の由来は、鎌の柄（つか）に好んで使われていたからだそうです。別名ウシコロシ。これはちょっとひどい名前ですが、面白いと言えば面白い名前です。牛の鼻輪に関連する用途みたいですが、はっきりとはわからないと言うことです。このように用途から名前が付けられたと言うことは、暮らしに則していたと言うこと。暮らしといっても、今は昔、の話になってしまっていますが、物の名称には記憶装置の意味もあります。

特徴のある葉と葉のつき方なのですが、この写真からだと今ひとつその感じが伝わらないかもしれません。

昔は、身の回りにあるものをフルに使って、何でも自分で作ったのでしょう。今の時代、鎌や金槌はホームセンターへ行けば、規格品で同じ形のものが当たり前のように売ってます。以前は鎌の刃の部分だけを金物屋さんへ行って仕入れてきて、柄の部分はそれに合わせて自作していました。祖父がそうやって、よく自分で作っていた姿を記憶しています。そうして出来たものがまた使いやすかった。市販のものと、手作りのものと、同じ用途のものが2つある場合は、必ず手作りの方を選んで使っていました。

計測に頼らず、経験と勘で、創意工夫が開かれて行った世界、それがひと昔前の里山の暮らしでした。同じ里山でも、今は、自然のものを生かすという姿が消えて久しい気がします。あまり苦しくならない程度にで良いと思いますが、自分で自然のものを生かすと言うスタイルを復活させてはいかがでしょうか。楽しみながら自然とつながることが、次の「何か」を生むきっかけなると思うからです。

これが鎌の柄になった木です。かなり硬い木で粘りもあります。衝撃を吸収しながら折れにくいと言うことで選ばれたのでしょう。プラスあまり大きくならない木なので、使うには手頃だったのでしょう。

カマツカにしては大きな木です。周りに障害物がないため、のびのびとした樹形になっています。

59.イヌザンショウ（ミカン科）

香りはしませんが、鎮咳の薬になります。

「イヌ」を付けられてしまった木が登場しました。呼称は人間社会が情報交換するときのもの。この「イヌ」という言葉がついた木は他にもありますが、その意味するところは、あまり役に立たない少し劣った、ということを表現するためのものらしいことは、以前にも述べました。

サンショウと聞いたら、香りも同時に思い浮かんできますが、このイヌザンショウはほとんど香りがありません。材もサンショウよりは柔らかいので、スリコギ棒としても使われません。こうして比較をすれば、どうしても否定的な意味になってしまいます。

私が命名者だったら、最初から別の名前にします。例えばハリハリノキ、なんか第1候補です。とにかく痛いんです。荒れた里山整備で、痛い思いをさせられる御三家といえば、このイヌザンショウにタラノキ、そしてノイバラです。そしてこれら御三家に共通している性質は、強いことです。刈っても刈っても生えてきます。この生命力、なんとか生かせないものでしょうか……。実は、このイヌザンショウの実、煎じて飲めば鎮咳の薬になります。薬効があります。わざわざ「イヌ」をつけて劣性を示す必要はないと思うのですが……、いかが思いますか。

この棘の鋭さ!。刺されるといつまでも痛みが残ります。

イヌザンショウにしては、太く、しっかりと、立ち姿の良い木です。

位置的には前後ずれていますが、手前左側から伸びてきている枝はエドヒガンです。人間が意図して組み合わせた取り合わせではありません。自然にできる組み合わせは、いつの間にかバランスが取れてしまうのです。自然のデザインは奇を衒うことがありませんので、違和感なく楽しめます。

60.イヌツゲ（モチノキ科）

「イヌ」をつけられる方は、
きっと迷惑をしていると思います。

イヌツゲ、否ツゲ、ツゲに非ずと言う意味でしょう。黄楊（ツゲ）といえば皆さんもよくご存知だと思います。和櫛や印材、彫刻の材料として使われている高級材です。

しかしこのイヌツゲは名前こそツゲですが、ツゲ科ではなくモチノキ科です。小さな葉っぱがびっしりとついている姿が似ているのでツゲではないが黄楊と呼びたかったのでしょう……か?

イヌツゲの材料が何かに使われている、ということはあまり聞いたことがないです。垣根にはよく使われます。刈り込みにも強く、無数に枝を出し、細かい葉をびっしりとつけますので、垣根にはぴったりです。結構人気があるようで、苗木は高い値段で売買されています。

このイヌツゲの葉、油分がすごいです。すぐに着火し、燃え出すとパチパチと音を立てて、あっという間に燃えてしまいます。子供の頃、オモチャの爆竹に束ごと火をつけてバチバチとやりましたが、あのイヌツゲ版です。モミの木の葉っぱもこんな感じです。黒煙をあげながら無数に音を立ててよく燃えます。よほど脂のノリが良いのでしょう。案外、抽出してみたら面白い用途が開けるかもしれませんね。

61.カシワ（ブナ科）

自然の懐は、
子供の中に生きた記憶を残す。

幼少の頃、祖母に連れられてカシワの葉を取りに、近くの山林に行った記憶があります。それがどこだったのか、はっきりとは思い出せないのですが、多分、この木の近くだったように思います。約半世紀前と言えば、山林の状態も今とは全然違うはず。うっすらとした記憶の中では、木々の背丈がずいぶん低かったように憶えています。今の知識で判断すれば、伐採後4~5年経った頃の山林ではなかったかと思います。

不思議なものです、子供の頃は、木だ、葉っぱだなんて特段の関心もなかったのに今でもこうして記憶に残っていると言うのですから。自然は心の奥深いところに染み込んでくる、そう実感させられる思い出です。

人間のこうした特性を軽くみてはいけないと思います。生まれて、生きている以上、命の基本を外すことはできません。その基本は誰にでもあるのですが、いつの間にか奥の奥に隠れてしまうこともあります。

希薄な罪の意識のまま、簡単に人を殺めてしまうこともその一つの表れでしょう。命に対する実感が育っていないと言わざるを得ません。加えて、世の中は仮想世界の巨大化へと向かっています。そのバランスを想定し、対極を用意しておかなければ、人間の精神は本来の健全さを保てなくなってしまうのではないでしょうか。それゆえ、今日ほど、自然との向き合い方が問われている時代もない、といえましょう。

62.エゴノキ（エゴノキ科）

エゴの実を使ってお手玉を作ろう。

「お手玉を作る時には、エゴの実が一番」と言って、エゴの実を拾い集めている近所のおばちゃんがいました。そう言われて、はじめてエゴの実がお手玉作りに使われることを知りました。だいたい今時の子供はお手玉自体あまり知らないかも知れません。遊びと言えば、人差し指で画面をなぞったり、親指でボタンを押したり、バーチャル空間を動かすにはそれでほとんど事が足りるようですから……。

でもこれはちょっとヤバいのでは……、と思うことがあります。体全体を通した体験を経ないと、記憶の刻印が浅くなります。「浅い刻印」、嫌な予感がします。認知症予備軍がますます増えているのではないか、それでなくとも、2025年には5人に1人が認知症になる可能性があると厚生省が発表しています。この歳になると、認知症患者がいる友人家族をいくつか見てきました。それはそれは周りの人の負担が大きく、大変な事です。大きな社会問題となることでしょう。

人間は生まれた時点で、体を通してこの世を体験する事を義務付けられています。特に幼少の頃は尚更だと思います。体全体で味わった体験は、純粋に心の奥深いところに刻印されます。人が成長し、価値観が形成されてくるときには、その心の奥に刻み込まれた体験が大きく影響してきます。だから出来るだけ、子供の遊び場には自然の懐を用意してあげたいと思っているのです。

エゴの実を一緒に拾って、お手玉を作って、一緒に遊び方を考えて、そんな風景が日本の里山に復活してくれることを願います。

エゴの実がなり始めました。（8月初旬）

エゴノキの懐から外を見る。大きく伸びた枝が地面についています。この木ならエゴの実を採るのは簡単です。

川沿いに立つ大きなエゴノキ。この木の下で近所のおばちゃんがエゴの実を拾っていました。この通りとエゴノキまでの距離は10m。かつてこの場所は高さ3mを超えるアズマネザサが壁のように密生し、投げ捨てゴミが集積する、この地域のワーストプレイスの筆頭でした。今や、川の生き物を観察する研究者の、フィールドワーク地にもなっています。

63.ヤマウコギ（ウコギ科）

痛い、とにかくヤマウコギの手入れは痛い。

ウコギと言えば、北海道のエゾウコギが有名です。インターネットで検索すると、エゾウコギを原料にした健康食品の宣伝が、山のように出てきます。

こちらの木は、ヤマウコギ。この辺の山林に自生している落葉低木です。エゾウコギのように注目されておりませんが、それでもそれなりに何かを持っている木だと感じます。

ウコギ科に共通した鋭い棘があり、若枝が出て伸びる速度が竹のように早い。また若枝は何があっても垂直に出すという感じで、こちらも竹に似ている。若枝の皮肌は鳥の足か爬虫類のような感じで、ちょっと気持ちが悪い。この鳥肌感は少し成長すれば消えて行くのですが、放っておくと枝だらけになります。さらに放っておくと、必要のない枝は自分で枯らしていくのでしょう、何本かの中心幹だけで大きくなります。しかし、枝は枯れてもそう簡単に幹からは離れません。枯れてても生きてても、枝が過密状態になったところにクズの蔦でも絡まりようものなら大変です。

そのような訳で、この木に時々手を入れているのですが、いつも痛い思いをさせられます。放っておけば良いと思われるでしょうが、1本だけ、ヤマウコギの観察も含めて手入れしているだけです。さすがにこちらも全部のヤマウコギの面倒を見ている訳ではございません。そのうち若芽でも採らせていただいて、天ぷらにでもして食べてみようと思います。手入れの手間代は若芽と交換ということで手を打つつもりです。

幹が何本にも分かれています。ここに毎年新し枝とも幹ともつかないものが出てきます。

荒れていた時の風景。この笹のがさ藪のなかに写真下のヤマウコギの木が隠れていました。このがさ藪は 3000坪の森の中を覆い尽くしていました。アンビリーバブルです!悲しいかな、今の日本の里山林の実態です。

写真中央、目印のように立っているヤマウコギの塊。背後に樹冠が少し見えているのがオニグルミ。この辺一帯はガサ藪で覆われ、このヤマウコギの木も、ほんの数年前までは全く姿が見えませんでした。

64.ツリバナ（ニシキギ科）

写真で実況解説
ツリバナ、大ピンチ!

1.フジ蔓が大蛇となって、ツリバナの幹を締め付けています。凄まじい締め付け方です!幅広の肉厚の帯でツリバナの幹に食い込みながら締め付けいています。
↓
2.締め付けられていても何事もなかったように川面に覆いかぶさるツリバナ。ナスがまま、我が道を往くのみ。
↓
3.青々とした実を吊り下げ始めました。ツリバナのツリバナらしさの始まりです。
↓
4.赤い実となり、割れて弾けて今年もひとまずのサイクル完了となります。葉は落としても釣り下がった実は残す。この習性が庭木として迎えられました。

ツリバナは、山中ではごく普通に見かける、里山構成樹です。

追記
大蛇に巻きつかれたツリバナを助けることにいたしました。

孤島の森

小さな森です。田んぼの中にポツンと、まるで孤島のようにある森なので、孤島の森と名付けました。森の北、東側面には川が流れており、川と接するほんの短い距離の中にも、この森でしか確認できなかった木が存在しています。ボダイジュとサワグルミです。

どこにでもある木ですので、取り立てて話題にするほどでもないのかも知れませんが、ここ 7万坪のひびきの里の中では今の所この孤島の森でしか存在を確認できません。そんなことから、もしや植物の世界にも、棲み分けに相当するものがあるのではないだろうか、という発想が出てきました。もしかしたら、人間が想像する以上に植物同士のコミュニケーションがあるのかも知れません。

65.クマシデ（カバノキ科）

立ち姿の良い木は最後まで残る。

孤島の森に、不動の中心を築いたクマシデ 。幹の直径80㎝、クマシデ にしては大木です。そして何よりも、このクマシデ は立ち姿が美しい。まっすぐに立ち、枝を左右均等に大きく広げている様は、眺めているだけでスカッとします。

クマシデ は、里山の構成樹としては数の多い木です。この辺だけの特徴なのかも知れませんが、バランスを見ながら間伐する木としてはとても数の多い木です。しかし、このようなクマシデ は最初から間伐の対象外。他の何物でもない、孤島の森のクマシデ 、になっています。

写真中央、樹間の大きなこんもりとした木がこのクマシデです。

幹は硬く、材は重いのですが、楽に伐採できます。硬いから伐るのが大変ということでもなく、やはり組成の仕方というのが大きく影響するのでしょう。伐採した後は、風雨にさらしておくとすぐに腐ります。これは成分のせいなのでしょうか、腐り方は柿の木に似ています。板材として使うには、乾燥した後もねじれが生じたり、割れが入ったりしますので、少々使いずらい木です。使うとすれば、幅の狭い板にして、あるいは器具の柄などに使うのは良いかも知れません。それと炭には向いていると思います。ナラやクヌギほどではありませんが、結構良い炭が焼けます。

立ち姿の良い木は切られることもなく最後まで残ります。この写真のクマシデ ぐらいその場での存在感を確立したら、寿命が尽きるまで立ち続けることでしょう。風格も壮年のエネルギーも感じる、孤島の森のクマシデです。

追記

クマシデ の最高の使い方　輪切りにした材を菓子皿や器に加工し、そこに拭き漆を塗ると、中心から放射状に走っている線が浮き出てきて素晴らしい製品に仕上がります。

森の中へ入り、東側面から見上げた様子です。この森とともに成長してきた様子が目に浮かびます。

森の東面から朝日が差し込んできています。樹々の間を縫って届く朝日は、このクマシデ を背後から照らし、神々しい雰囲気を作ります。1日の始まりです。

66.ボダイジュ（シナノキ科）

ボダイジュを紐解くと、違いがわかります。

ボダイジュも「発見」、に入ります。今の所、今回確認できているのは、この孤島の森の1本だけ。たかだか7万坪のエリアの中ですが、場所ごとに植生の傾向があるように感じます。人間が思っている以上に土壌環境の違いがあり、それを植物が反映しているということなのでしょうか。それとも棲み分けということなのでしょうか。

ボダイジュと聞いて、お釈迦様を連想する方も多いと思います。しかし、お釈迦様の話に出てくる菩提樹とは、残念ながら種類が違います。お釈迦様の菩提樹は、熱帯性のクワ科の菩提樹。このボダイジュは中国原産のシナノキ科のボダイジュです。

名前とは不思議なのもで、一人歩きしたらほぼ制御は不可能です。言われがあればその謂れをまとい、類似性があればいつの間にか、そのものになりきるということが起こります。なぜか？人間の日常生活とは伝言ゲームの無限継続的集積の上に成り立っているからです。日常生活をスムーズにするためには、これはこれで結構なことなのですが、全てがそうした惰性の上で流れてしまう、というのは少々考えものです。生きる喜びが半減してしまうでしょう。

自然を含め、身の回りのものに関心を持つということは、無限の問いかけが生まれる芽が生じたということ。その芽が成長することで、人は思わぬ方向に導かれることがあります。これがまた、実に楽しいことでもあります。身の回りのものを徹底的に知る楽しみ、喜び、これは暮らしの豊かさを支える大きな力となります。

葉がついている感じをご紹介したかったのですが、高すぎるのでこの写真で精一杯です。

太さの割には相当年数が行ってる雰囲気です。老境に入りかけ、条件さえ悪化しなければ、これから今までよりもさらに何倍も年輪を重ねて行くことでしょう。木の長寿の秘密は芯材部分に重要な機能がある、と私はみています。

背後に杉凛があるので、片側に覆いかぶさるように枝を広げています。

67.サワグルミ（クルミ科）

関心の置きどころが変われば、見え方も変わります。

木材の世界では、通常は、クルミというとオニグルミのことで、サワグルミが登場してくることはあまりなかったように記憶しています。何度か見かけましたが、白っぽく柔らかいという印象を持った記憶がある程度で、自分の触手は動かなかったようです。

今こうして、立木の世界から木を見ていると、木材とはまた違った視点から木を見ることができます。木にとって立木は第1の生命世界、材は第2の生命世界です。こう便宜的に分けるのは気が引ける部分もあるのですが、分けることでスッキリ理解しやすくなる部分もあります。

サワグルミは、大きなものでは樹高30mにもなるそうです。今、わたしの身近にあるサワグルミからは想像もできませんが、老木になると外側の皮が落ちるというのは、ちょうどこの写真のようになるということです。この状態になると、皮は「寿光皮」と呼ばれ、工芸品、細工物として利用されています。また、材は桐の代替材としても使われるというのですから、もいう一度新たな気持ちでサワグルミの材を見てみたいと思っています。20年前には分からなかった良さが分かるような気もするのですが……。

暑さで相当ダメージを受けている様子の葉。

老境に入ったサワグルミの樹皮。この渋さが工芸品に好まれるようです。

真ん中の木がサワグルミ。川岸に立ち、川に覆いかぶさるように幹を伸ばしています。

68.ノダフジ（マメ科）

蔦とも言えないほどの、幹蔦になる。

う〜ん、複雑。自分の中の樹木の概念からは少し外れているので、どういう風に位置付けをしたら良いのか……。樹木の基本形は、独立スタンドで幹がある、これが私の中では木のイメージなのですが、フジやアケビも樹木に分類されています。（今回、蔓性ではフジのみ取り上げました）

さて、ノダフジですが、最初芽を出してしばらくの間は自力で立っています。フジマメ、ご存知かと思いますが、あそこからタネが空中散布されるのですから、芽を出すときは、あたり一面フジだらけです。放っておいたらそれこそ大変なことになります。

自力で立っていたフジはやがてターゲットを定めて、絡みついて行きます。この時、ノダフジとヤマフジでは巻きついていく方向が逆。上から見て、時計回りに巻きついて行くのがヤマフジ反時計回りに巻きついて行くのがノダフジ。

開花時期、紫色の花をびっしりと他の木の樹冠を使って咲かせた様子は、確かに見応えがあります。でも、いつ見ても心の片隅には「これが自力スタンドだったら良かったのに」という思いがつきまといます。

このフジのツタも細いうちはまだ蔦です。しかし、長年放っておくと蔦とも言えなくなり、さらに放っておくと直径50㎝の幹蔦です。この姿を見ると、やはりフジだけは人間がきちんと管理し、ふじ棚を作ってあげて、思う存分ツタを張らせた方が良いのでは。そうすれば、人間も心置きなくフジの花を愛でることができます。

自然とは、あらゆるものを手のひらの上に乗せている法則の総体のこと。放っておくことは自然の一部にすぎないのです。自然のもの同士に秩序を持たせせようとすれば、そうなるように管理するのが人間の役目、それも自然の法則の中での出来事に過ぎないのです。

独立スタンドで立つフジ。

一度巻きつき、木の上方まで到達した蔦は、今度は横に広がり、次々と木々を渡り歩き、他の木々たちの樹冠に混じって花を咲かせる。

巻きつかれたコナラの幹の直径は60㎝。巻きついたノダフジの直径は50㎝。まるで大蛇のようにコナラを締め上げて行く。フジ蔦もコナラも、人の生活と縁のあった時期は、間違ってもこのような風景が誕生することがなかった。この姿から人と山林の関係が途絶えて久しい事がわかります。

69.クロモジ（クスノキ科）

高級和菓子に、高級楊枝。

クロモジですすので赤い実でなくて助かりました。熊の胆のようです。

クロモジ茶、これがこの木との出会い。美味しいかどうかは何とも言えません、各人各様の味覚にお任せです。ただ、クロモジの楊枝を使って食べる和菓子は美味しいです。みなさまよくご存知の高級楊枝にはクロモジの材料が使われています。

なぜクロモジの木が使われたのかは、理由はよくわかりません。クロガキが和家具に使われたように、黒っぽい木肌が和の雰囲気を持っていたからかも知れませんし、もっと単純に地域の産業振興政策の一環で、その地場に生えていた木を有効利用するという意味でクロモジが使われただけなのかも知れません。弓の木を選定するときのような必然性をもった理由は求められていなかったと思います。

かと言って、この高級楊枝の材料に、他の木が取って代わって使われるようになるかというと、それは難しい面があると思います。一度地歩を確立するとはそういうことで、何でも一番先に創造し、物語を作り上げ、広めた方が有利です。人の意識の中に定着した事を覆すのはそう簡単なことではありません。

人間の生活には日常の流れがあり、他方創造行為があり、これら2つが合間って人間の文化です。しかし、上記2つの間では意識の使い方が全く異なります。良い悪いの問題ではなく、その事を意識できた人が創造行為を繰り返していくことは間違いありません。

さて、里山の資源をどう有効活用していったら良いでしょうか。まだまだ開拓の余地がありそうです。

高級楊枝の木です。クロモジの香りです。クスノキ科ですが、樟脳の香りではありません。

葉の形とつき方。大きくなる木ではありませんが、人間音背丈よりは大きくなります。

70.クリ（ブナ科）

西方浄土。西の木と書いて縁起の良い、栗。

里山の樹木といえば、やはり栗の木も忘れてはいけません。秋になれば沢山の実を落とし、森の生き物たちを養っています。山栗は実は小さいが、味が濃くて美味。

ウニより鋭い栗のイガイガを剥くと、硬い外殻に覆われた栗の実が出てきます。この殻を剥くと、渋皮に覆われた中身が出てきます。この渋皮の渋み成分がタンニン。この成分が栗材を腐りにくくしている要因でもあります。栗の木を伐った時のあの独特の匂いがこれなのでしょう。決して芳香とは言えませんが、魔物を寄せ付けないような、そんな匂いでもあります。そういう意味で縁起が良いというのなら納得がいきます。

その縁起の良い栗の木は、建築物の土台としてよく使わることは有名です。100年経っても、変色はあるにせよ、そっくりしてます。この里山の八幡さまのお社の土台にも栗の木が使われており、あまり条件のよくない環境とは言え、しっかりと姿をとどめています。

「大きな栗の木下で」と歌われた栗の木も、今では大木と言えるものはほどんど姿を消してしまいましたが。昔は直径が1m50cm、2mというものがありました。長い間倉庫に眠っていた板材が、極々たまに市場に出てくることがあります。そのたまたまのタイミングで出会ったのが、この写真のクリの1枚板。幅が1m。

こういう木でできたテーブルがあると、暮らしの空間に核ができます。のっぺりとした空間に座標軸が創造されるようなもので、自然の力を取り入れることで無言の意味が創造されます。現代社会は、様々な意味で、この核に相当するものがなくなっています。その影響が随所に出ていると感じるのは、私一人でしょうか……。

葉がつき始めると、横へ伸びた枝は地面についてしまします。秋、葉が落ちるとまた空中に浮かびます。栗の木の大きなひさしです。

幹の太さからすると相当太い枝。この姿も栗の木の特徴です。樹高はそれほどでもありません。

この里山一番の栗の木。直径80㎝。樹皮の状態も良く、見た目にもよく整った幹です。川沿いギリギリのところに立っており、立っているロケーションも良い。光が森の南側から入ってくるお昼頃の時間帯が、この栗の木が一番よく見える時間帯。

71.ココメウツギ（バラ科）

本来は、
里山は植物多様性の宝庫、のはず。

これも木なんですね。普段は草と一緒に刈ってしまっているので、改めて意識を向けないと木という感覚が湧いてきません。確かに、川沿いの藪になったところへ行けば、高さ2mを超えるようなコゴメウツギを目にします。数多くの株立ちとなっており、藪の中心存在の一つのように思っていました。

しかし、よく見ると良い形の葉をしています。それでいてあまり大きくならいない、刈り込みにも強い、となれば庭木に植えられる園芸品種として人気があるのもよくわかります。

早速ネットで検索して見ると、苗木が結構良い値段で取引されているようです。あら、あら、という想いです。笹を一度駆逐した後の里山林では、後からあとからコゴメウツギが生えてきます。苗木屋さんだって出来てしまうほどでしょう。里山ほど、植物多様性を表現できる空間が他にあるだろうか!?まさしく日本の宝の一つです。

72.カツラ（カツラ科）

街路樹では、私はカツラの木が一番好きです。

全ての原稿を入稿したすぐ後に発見した木です。本来であれば川沿いの森でご紹介するはずなのですが、たかを括って調べに行かなかったところがあり、そこで発見してしまいました。しかも3種類が一気に追加になりました。桂だけはどうしてもご紹介したかったので、元々のノリウツギと入れ替えで無理やり割り込ませました。他の2種類は、ヤマナラシとクマノミズキです。

新幹線那須塩原駅前の通りの街路樹にカツラの木が使われている区間があります。丸く可愛らしいカツラの葉が、黄色く色づいた時、駅前通りは1年中で一番美しい時を迎えます。

たまたまSNSにアップされていた、国産バイオリン第1号の写真を見ました。そのバイオリンの胴体、表と裏に使われている木材がカツラの木でした。当時の作者が、国産樹種で、何を使うか、その選定に心を砕かれていたであろう姿が思い浮かびました。ヒガツラといって、相当良質な材料が使用されていました。

カツラの葉は香りがあり、昔は、東北地方だったと思いますが、線香の原料にも使われていました。残念ながらいまは姿を消してしまったようですが、カツラの葉を胸ポケットに1葉入れておきますと、ふとした瞬間に香りを楽しむことができます。

かなり大きくなる木ですが、いまはほとんど大木と言えるものは姿を消してしまいました。材としては、広葉樹の中では柔らかい方と言えるでしょう。一昔前の指物和家具には好んで使用されていたようです。

畦道・石碑

安永3年甲午（1774年）とありますから、今から約250年前。江戸時代中期です。観音像が彫ってあります。何を意図して立てたのか確認する術はありませんが、当時の資料を紐解くとあちこちで一揆が起こっていたようです。食べることに必死だったのかも知れませんね。田んぼの畦道に立つ石碑です。

当時の人もこの畦道を行き来していたのかと思うと、感慨深いものがあります。あの畦道の懐かしさは一朝一夕にできるものではないことを改めて思います。

この道は、孤島の森と見晴の森に行く唯一の道、遠回りの道。ショートカットの道は残念ながらありません。目の前に見えていても、近いとは限らないのです。

水田の区画整理事業が行われると、こういう道も姿を消して行きます。たまたま残っている数少ない畦道かも知れません。

見晴の森

全体に平坦な土地柄ですが、この森だけはほんの少しこんもりとしています。また、真ん中にある水田地帯を隔てた反対側にあり、この森に立つと全体の景観が見渡すことができます。

たかだか10mか15mの標高差だと思いますが、この差は数字以上に見え方の違いをもたらしてくれます。そこで、この森を見晴の森と呼ぶことにしました。

幼少の頃はよく母親に連れられてこの森にきていたものです。母親は木の葉さらい、その間中、木と戯れていた記憶があります。倒木の上を平均台のように歩く、木の枝にぶら下がる、木に登る、垂れた蔦を使ってターザンごっこ、そんな遊びが記憶の基底に刻印されてしまったせいか、テレビゲームにはほとんど興味を持つことがありませんでした。ご多聞にもれず、この森も荒れてしまっていました。その姿を見て放っておけましょか……。

この森を整備しているときに、偶然にも祖父が使っていた砥石を発見したのです。瞬間、45年前へタイムスリップがおきました。祖父は鎌で草を刈っていたのです。

73.ハクウンボク（エゴノキ科）

ハクウンボクにしては背の高い、大きな木です。樹齢は推定60年～70年。予想以上に年数を食っています。

いつか、「白雲」という商品になる……、はず。

名前が素敵です。漢字で書くと「白雲木」、白い雲の木。何が白い雲かというと、この木が花を咲かせた時に、白い房状の花がまるで雲が群がるように見えるから。

花も良いですが、この木の葉も素敵です。かなり大きな丸い葉です。葉のつき方もいいです。大きな丸い葉を受けるように少し形の違う小振りの葉が両手のひらを広げたように付いています。自然の形態とはどうしてこうも心地よいのだろう。その形が太陽光と共演しているのが、ご覧のように葉を透けてくる日の光デザイン。

見晴の森にはこのハクウンボクが何本もあります。不思議なもので、同じ里山でも全くない森もあります。植物にも棲み分けというものがあるのかも知れません。

この木は、エゴノキ科で、エゴノキと同じような形の実がなります。この実は油分の含有量が多く、蝋燭（ろうそく）を作ったり、油をとったり（ハクウンボク油）するようです。いつか私も蝋燭作りに挑戦しようと思ってますが、なかなか実現しません。

商品名はすでに考えてあります。「白雲」（しらくも）です。

樹皮はエゴノキにそっくり。灰褐色で斑点が現れます。このくらいの太さであれば（直径20㎝ぐらい）飾り柱に十分使えます。皮を剥ぐと滑らかで真っ白い材が現れます。

74.ヤマボウシ（ミズキ科）

上.まだ若いヤマボウシの根元。若いと言っても20年、30年は経ってると思います。直径7～8㎝。

下.樹皮の雰囲気が違います。直径20㎝以上。老木の風格が濃います。

ヤマボウシの花言葉は、友情。

この木は庭木として人気があります。白い4枚の花びらの上に、丸い緑の粒状集合体が乗っています。土の団粒構造に似ているという人もいます。名前をつけた人は坊主頭と見たようです。そして白い花びらを頭巾と見たて、ヤマボウシという名前をつけたとか……。

樹高は10mぐらいまでになるそうです。写真の木は、ヤマボウシとしては相当大きく年数もそれなりに古い木だと思います。直径20㎝を超えます。その隣に生えていたヤマボウシは直径6㎝で樹齢45年でしたから、単純にその3倍とまではいかなくとも、80年から100年は経っているのではないでしょうか。この樹皮も生きてきた年月なりの姿を表しており、風格が出ています。

ヤマボウシの花言葉は、友情。この木が持つ全体の雰囲気を清々しいとみることから、「友情」という言葉が選ばれたそうです。葉の緑は濃い緑。恋緑とも言います。花は白く清々しく、果実はほのかな甘味、材の香りもほのかな甘み。友情か恋情か迷うところですが、世の中の習わしに従いましょう。

赤い実はそのまま食べてももちろん良いのですが、果実酒にするとこれも大変美味しいそうです。春も秋も、里山は野の恵みばかりです。

葉の絨毯の上に花を咲かせます。背の高い木だと下から見上げても花の姿が見えません。ヤマボウシの花を写すには脚立が必要です。もしくは背の低い木を見つけるしかありません。花としては白と緑の配色は珍しいかも知れません。これも清々しい要因の一つです。

75.コブシ（モクレン科）

コブシ咲く里山の春に見る、心中の里山。

真ん中の1本木（クヌギ）の隣にある、花を咲かせている2本の木は梅の木。その背景に、白い花を咲かせている木が3本見えます。これがコブシです。コブシ咲く里山の春のワンショットです。

幼少の頃、花咲くコブシの木に登って遊んだ記憶があるのですが、どの場所の、どのコブシだったのか思い出せません。川沿いで、かなり大きな木だったように記憶しているのですが、はっきりとは覚えていません。もう50年近くも前の記憶ですから、子供の目で見て大きいと思っただけかもしれません。

今こうして身近な暮らし空間に存在する樹木を一つひとつ丹念に調べて行くと、様々な気づきを得ることができます。その中の一つに、コブシに似た木がいくつかあるという事も学びました。ハクモクレンにタムシバ。葉や花の形、咲く時期に少し違いがあります。沢山見て慣れれば直ぐに判別できるのでしょうが、私は今の所、図鑑の解説を頼りに、頼りなく判断している状態です。まだコブシという情報の核ができていない状態かもしれません。でも、そんなに時間はかからずに情報の核はできていく事でしょう。

里山の春を演じる重要なキャスト、このコブシの花と香りは香水の原料になったり、辛夷（しんい）という鼻炎や鼻詰まりに効果のある漢方薬にも配合されます。

自然は本当に多種多様です。それを身を以て一つ一つ体験できる豊かさというものがあってもよいのでは？里山は人との関わりを取り戻すことで、大きな豊かさの源泉となります。そのためには、まず……、荒れた山林を40年、50年前の姿に戻すことから始めなければ！

横向きに咲いたヒラヒラした花びらの後ろに葉が見えます。

里山春の風景写真、後ろの森の左側の白い花を咲かせているコブシの木の幹です。コブシとしてはかなり背の高い大きな木です。

何と無く霞がかった春の里山。水田を取り巻くように雑木林があります。かつてこれらの雑木林は堆肥の主原料となる落ち葉や、薪炭の供給源でした。刈り払い機もない時代でしたが、今とは比較にならないほどきれいでした。このコブシがある雑木林で、最近、祖父が使っていた砥石を発見しました。鎌を砥石で研いでいる祖父の姿がありありと浮かんできました。

76.マユミ（ニシキギ科）

マユミは弓の木、ヤナギは矢の木。

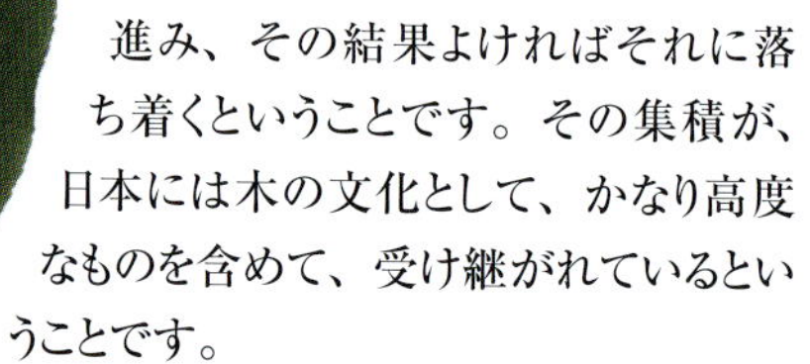

木、木材には様々な種類の「丈夫さ」があります。そのいろいろな「丈夫さ」を経験で知り、適材適所で使ってきたのが日本の木の文化です。硬い、柔らかい、しなり、圧縮強度に衝撃方向、腐りや虫食い耐性など、これらすべての検討条件から特定用途が弾き出されてくるわけです。言葉にすると長たらしいですが、現場の世界では一瞬、「あっ、これはこれに使えそうだ」でことが進み、その結果よければそれに落ち着くということです。その集積が、日本には木の文化として、かなり高度なものを含めて、受け継がれているということです。

マユミは漢字で書くと、真弓。真の弓ですから、よほど弓を作るのに向いていた木なのでしょう。弓を褒め称えるとき（美称）もマユミと言うそうです。私はこのマユミが弓に使われていると知る前までは、ミズメ（別名、梓）の弓が最高なのだろうと思っていました。材としても品格があり、弾性も申し分ないので、弓の最高峰と考えていました。

正直、マユミの材料は見たことがありません。当然、親しんだことがありませんので、材の感じを実感を持ってお伝えすることができません。いずれ葉が落ち、伐っても大丈夫になったら、枝の1本でも分けていただいて実地検分するつもりです。これでまた一つ、自分の課題が増えました。どんな材なのだろう、そう想像するだけで結構楽しめます。晩秋のお楽しみができました。

触わると、樹皮にはほんの少し弾力があり、一瞬コルクのイメージが浮かんできました。

77.ミツバウツギ（ミツバウツギ科）

山菜の話から、
地球の意思まで飛びました。

タカノツメの葉の出方に似ています。大きさは2回りぐらい小さくした感じですが、こちらも春の山菜の一つです。タカノツメが属するウコギ科は全体に苦みがあるのが特徴ですが、ミツバウツギは淡白でアクや苦みがなく、さっぱりと食せます。和え物、煮物、天ぷら、それから味付けして煮たものを混ぜご飯にして食べている方もいるようです。

写真のミツバウツギは、道路脇に立っており、この種としては大きな木です。どのくらいが平均樹齢なのか分かりませんが、樹皮は老風を帯びてきています。

一口に樹木といっても、何千年も生きる木の種類がある一方、何十年という木もあります。人間から見たらこの幅はとても大きな幅です。しかし、地球から見たらほんの少しの誤差ぐらいなのかもしれません。

植物の一番大きな特徴は、大地にへばりついて生きていること。その植物の中でも、木は最も寿命の長いもの。この木を知るとは、地球の意思を読み解いて行くことにつながるのかも知れません。

平安の森

一番小さな森です。おそらく100年ぐらい前までは、畑だったところなのではないかと思います。林床を踏んだ時の感じや生えている木の大きさ、種類からそう推測しているだけですので、本当に畑だったかどうかはわかりません。

この森の中には、ハリギリの立派な木があるのですが、ハリギリは竹林の森でご紹介することにしましたので、次にこの森を象徴できるのはムラサキシキブです。ムラサキシキブにしては大きくて立派な枝ぶりです。このムラサキシキブにちなんで、平安の森と呼んでいます。

78.ムラサキシキブ（クマツヅラ科）

名前をいただくと言うことは、背景もいただくと言うこと。

平安時代の女流作家の名前をいただいている木です。いつ頃からこの呼び名が定着したのか、はっきりとしたことはわからず、また、名前の由来についても諸説あるようですが、江戸時代初期にはムラサキシキブと言う呼び名ではなく、「みむらさき」あるいは「たまむらさき」と呼ばれていたと言います。ここからムラサキシキブに変わるわけですが、その変化の仕方について、訛った結果ムラサキシキブとなったとする説と、江戸時代の植木屋さんが意図的にムラサキシキブと呼び、この木の印象強化を図ったとする説があります。

私は、後者の方だと思います。今の木材業界でも、勝手に木に独自の名前をつけて印象強化を図ろうとしているケースがあります。別に悪いことだとは思いませんが、一つ希望を言わせていただければ、センスのあるニックネームをつけていただければ楽しいのにな、と思うこともあります。

ムラサキシキブは紫の実がよく知られていますが、私は実より花の方が気に入っています。葉の緑を背景に小さな薄紫色の花を咲せますが、遠くからだとよく見えません。だんだん近づいて行くと、この緑と紫の配色の絶妙なバランスに胸の中が清々しくなります。どちらかと言うと、大輪の花よりも、野の草花を好む私の趣味には合っているのでしょう。

追記

クマツヅラ科という表記と、シソ科という表記と、どちらも目にします。ここではクマツヅラ科として紹介させていただきました。

この小さな花。この明るい紫。そしてこの葉の形、大きさ、明るい緑。この何とも言えない上品さ、出しゃばらなさ、もしかしたらこれが桐壺か。

この幹、樹皮。ムラサキシキブという名前に似合わず、もしかしたら名前の通りかな?相当頑丈です。孟宗竹の枝払い棒に使っています。

この森に「平安の森」と名前をつけた所以は、この写真のムラサキシキブがあったがため。大きさも樹勢も、この里山一番のムラサキシキブ。奥両側はサンショウの木に挟まれています。

79.サンショウ（ミカン科）

同じ里山が、何を選択するかで、どちらにもなり得るという事実。

サンショウの木があると、下を向いて草を刈っていてもわかります。匂いがしてくるたびに草刈りが慎重になり、作業効率が落ちます。一応、刈らずに残すかどうか検討するからです。ところがイヌザンショウが多いところではこう言うことがありません。作業のスピードが落ちることもありませんし、気づいても大概は刈らずに残すかどうかの検討もしません。これを差別待遇というのでしょうか???そうではありません。サンショウとイヌザンショウに別々の役割分担を期待しているのです。イヌザンショウの場合は、生えている場所と樹形を優先し、サンショウの場合は実用性を優先しているからです。もちろん人間の勝手な都合によって役割分担を期待しているだけなのですが……。

不自然だと思いますか?私は、里山と人間のおつきあいはこれで良いと思っています。なぜなら一番肝心なことは、人と自然のおつきあいがあること、だからです。一番いけないのは無関心と放置です。その結果、山林が荒れ、様々な逆襲を受けることになります。

1　犯罪の誘発
2　交通の危険性
3　農作物獣害の増加

まだまだあげることができます。

整備される事で、癒しの空間になりうる里山が、放置される事で、様々なマイナス要因を生む空間になります。私は癒しの空間を目指すことを選択しました。自分の生まれ故郷をよくすることから日本をよくして行きたいと思っています。

サンショウの実。香りまでしてきそう。

サンショウの木肌。なる程、この擂り粉木棒は良い。

サンショウは横になびくような樹形が多いようです。

80.ヤマガキ（カキノキ科）

当たり前なのに、なぜか不思議な感じ……。

山中で柿の木を見つけた時は、なぜか不思議な感じがしました。小さい頃から柿の木には親しんでいるのですが、柿の木のある場所は、だいたい田んぼの土手とか畑の隅と言った、いわばひらけた場所に、人が植えたと言う痕跡を残して立っている木、それが柿の木のイメージだからです。沢山の木々の間に立っている柿の木の姿は、やはり森の中の木の姿をしています。

ご存知ですか、柿の木はとても硬いのです。風で折れた木を片ずけるのに一度チェーンソーを入れたことがあるのですが、びっくりしました。柿の木の枝は折れやすく、実は木登り要注意木の一つなのです。硬いから折れない、柔らかいから折れる、そう単純なものではないのですね。生き物の世界を身を以て実感します。

この硬い材料はゴルフクラブのヘッドにも好んで使われます。それから、縞柿や黒柿は希少な材料として和家具の世界やロクロ細工の世界で重宝されます。出来た製品はびっくりするくらい高価です。

木は人間の生活の様々な場面で大活躍をしている、あるいは、してきました。呼吸ができるのも大方は木のおかげ。寒さ暑さを和らげてくれるのも木のおかげ。楽しませてくれるのも木のおかげ（個人的）。さて、私たちはお返しに何をしてあげることができるのでしょうか？せめて、木が生きやすい環境を作ってあげたい、と思っています。

これが柿の木のイメージ。周りとのせめぎ合いもないのでまっすぐ素直に育ちます。

森の中では、あっちにぶつかり、こっちに押し返され、その都度姿に現れてきます。大半の木々たちがこのような感じで育っています。だから森は全体で一つ。これは言語体系と同じ。大発見です。

柿の木の樹皮はやはり柿独特。どの木でもそうですがこの樹皮の現れ方が、材の組成の仕方の「何か」を表しているのだと思います。単に人間にとっての衣では無いはず。人間以外の生き物にはそういう過剰な無駄がない、それが自然界です。必ず意味があるはず……。

81.イボタノキ（モクセイ科）

名前の由来を知ると、違和感がなくなります。

　イボタノキ、変わった名前です。私などはクボタ・トラクターを連想してなりません。しかし、園芸愛好家の間では、ライラックを栽培する時の台木として用いられているので、ごく普通に知っている人も多いかと思います。この名前は、実はイボタロウムシという虫の名前からつけられました。

　イボタロウムシはこの木に寄生し、樹皮上に白い蝋状物質を分泌します。これがイボタ蝋と呼ばれ、ロウソクの原料にされたり、日本刀の手入れに使われたりします。また、ある地方では、このイボタ蝋を飲むと咳が止まると言われ、民間療法に用いられているとも言います。

　ここまで知ってくると、変わった名前という印象も随分薄らいできます。この里山にもそちこちにイボタノキがありますが、たいがい道に沿ってとか、森の周辺部分とか、ある程度光が入り明るところに生えているようです。この写真の木も、いまは誰も使わないが、昔の林道沿いに生えています。高さは3mぐらいありそうです。イボタノキとしてはかなり大きな木と言えるでしょう。

追記

　家具の艶出し、織物の艶付にも使われていたと言います。また、イボ取りや止血にも効果があるとのこと。

細かい葉がこちゃこちゃと付いている感じ。これが全体にわんさか付いているとイヌツゲのようになってしまうのですが、この木の特徴は、写真のような塊が点在することです。

この樹皮に蝋がつくのでしょう。まだ確認したことがありません。

イボタノキとしては大きい方でしょう。高さ3mぐらいあります。細かい葉から空が透けて見えます。お隣の柿の木が迫ってきているので、少々わかりずらいかもしれませんが。

前

▲川の姿さえ見えませんでした。

後

▲どこから来るのか、今では方々から釣り人が集まる。

川沿いの森

川沿いの森、などと映像が浮かぶような言い方をしておりますが、7～8年前までは、橋はあるが川は見えないという状態でした。今でこそ、週末には、川に降りて魚釣りを楽しんでいる人を頻繁に見かけるようになりましたが、荒れた森の状態の時は、おそらく猫でさえも、壁のような篠の密林の中へは入っていけなかったでしょう。そのくらいひどいところでした。そういうところは同時に投げ捨てゴミの多いところでもありました。

ところが藪が払われ、本来の雑木林が姿を表すと、どこからともなく人が来るようになります。面白い現象です、釣り人は「えっ」と思うようなところも良く探して歩きます。

魚釣りが好きな人、草花が好きな人、野鳥の好きな人、木の好きな人、森の中の散策が好きな人などなど、川や森は多くの人を受け入れることができます。しかし、今、日本の里山の大半が、人を寄せ付けるような状態ではありません。大きな損失と言えるでしょう。

82.ハシバミ（カバノキ科）

ハシバミの花言葉は、仲直り、和解です。

川の土手に生えるハシバミ。ハシバミの根元から葉が向かう先を意識して撮影した写真です。ハシバミの気持ちになれば、きっと、このような気持ちで空に向かって葉を広げ、伸びて行こうとしているのでしょう。

このくらいの低木になると、普段は、2枚見下すような目線でしか見ません。実際には樹高5mぐらいにはなるそうですが、生えてくる場所を間違えれば、いつまでたっても1m止まり。もしこの土手が藪となれば、このハシバミは間違いなく雑草と一緒に刈られる運命にあります。しかし、常に整備された状態になっていれば、ハシバミはあえてわざわざ切られることもありません。これが里山の景観が作られて行くということの意味であり、景観に意識が残るということの意味です。だから1本の木の状態から、暮らしのあり方を想像することができるということになるのです、いつもいつもとは限りませんが……。

ハシバミの花言葉は、仲直り、和解です。ぜひ、人と自然の和解になっていただきたいものです。どこまで行っても里山は、やはり人と自然の交流地なのです。ならば、理想的な交流をしようではありませんか！それが現代社会における里山復活のキーポイントになると思われます。

左側ほんの少し見えているのが川です。手前少し篠を払いましたが、この写真の状態から何も手を加えなければいかに凄まじいい状態になるかが想像できると思います。大半の日本の里山は、今誇れる状態にありません。日本の宝の損失です。

普通に歩いていればハシバミはこんな状態でに見えます。

このハシバミを川に降りて、生えている根元から写すと、あたかもハシバミの中に入り込んだような気持ちになります。空に向かって伸びていく主体のような気持ちになります。

83.カスミザクラ（バラ科）

新種でなくとも、発見！ という喜びは経験できます。

サクラにも様々種類があるというのは分かっておりましたが、木材と向き合っているときには、3種類に分けて見ていたようです。ヤマザクラと一括りにするもの。シウリザクラ、ウワミズザクラの部類。そしてソメイヨシノです。この3種類の中で、ソメイヨシノだけは殆ど手を出しませんでした。材としての魅力はいまひとつ、二つというところでしたから。他の2つはきちんと分けて見ていましたね。

今はこうして立木と向き合っているときには、ヤマザクラと一括りにしていたものをキチンと分けて見るようにしています。イヌザクラ、エドヒガンぐらいは何となく材でも分かっておりましたが、カスミザクラは全く認識がありませんでした。結構大きくなる木ですので、木材としても出回っていただろうと思います。ただ、流通量が少ないのか、丸太の土場で見た記憶はありません。このひびきの里でも、確認したのは2本だけす。

調べてみると、カスミザクラの生息適地としては、もう少し標高が高いところのようです。別に新種ということではありませんが、この限定空間の中で調査をして行くうちに、やっと出会った、発見した、という感覚もありますので、見つけたときは嬉しいものです。これでまた一つ、樹木リストが増えたぞ！という内心の喜びがありました。

木は大地に、地球に、へばり付いた存在です。限られた条件、限られた空間における地球からの恵みです。種類が多いということは、とてもありがたいことです。木を通して地球をみる、と考えたら、楽しみの奥はかなり深くなると思いませんか?

根元から生え出すカスミザクラの新米葉。樹上の葉には届かないので、根元の葉でご紹介。時間とともに色も濃くなり、硬さも増します。

ヤマザクラよりは幾分ライトな色合い。カスミという名前に違わない感じです。

本来はもう少し標高の高い土地を好むそうですが、この里山にも何本かカスミザクラを確認しています。

84.ヤマウルシ（ウルシ科）

水を得た自然塗料。

漆器がお好きな方、これがウルシの木です。通常あまり大きくなりませんが、ごくたまに15mぐらいの高さに成長するものもあります。この木の幹に傷をつけ、そこから流れ出る樹液を保護塗膜剤として利用したのが漆器です。しかし、塗りを仕上げるにはそれなりの技術と手間が要求され、今はほとんどの木製品が手軽なウレタン塗装で済まされています。

木が本当に好きな人にとっては、時と場合によっては、ウルシの塗装も必要ないと思うことでしょう。木肌本来の色がどうしてもウルシ色になってしまうからです。しかし、木の保護、特に食器類などはもともと水と接触することが前提の用途なので、そういう場合には、ウルシは自然塗料として最適です。不思議なことに、ウルシは塗った後、湿度の高い状態で乾燥させます。まさに水を得た塗料です。

ウルシ塗装とウレタン塗装の違いについて、こんなことが言われています。漆塗りは仕上がった時点で良くなるスタート地点。ウレタン塗装は仕上がった時点で劣化のスタート地点。言い得て妙です。

歳を重ねるごとに味わいが深くなる、そんな人生を送りたいと思っているので、私はやっぱりウルシ派。さて、皆さんはどちらですか? ウルシ派ですか、それともウレタン派ですか? それともウレタン製品は使っても、人生はウルシ派ですか？

ウルシの稚樹。繁殖力が強い。

この幹に傷をつけ、そこから流れでます樹液が木製品の最高の保護塗膜になります。いったい、最初にこのようとを見つけた人はどこから塗膜の発想に至ったのだろう。古代人の感性に驚きます。

ウルシの木としては大物の部類。秋の紅葉がきれいな木の一つです。

85.タラノキ（ウコギ科）

棘性植物は、戦う相手としてはご勘弁願いたい筆頭です。

タラノキの芽の天ぷらは、亡くなった父親の大好物で、毎年、田植えの時期に手伝いに行くと、どこから採ってくるのか、よく食べさせてくれたものです。

今では、この地域一帯の森を一番知り尽くしているのは、たぶん私でしょう。タラノキのある場所だってよく知っています。それにタラノキを生えさせるのは簡単です。密林状態で日も射さないようなところを、綺麗に整備し、空きスペースを作ってあげれば、真っ先に生えてくる木の一つです。その生えてきたものを草と一緒に刈らないよう気をつけていれば、2-3年後は写真のような場所になります。まさにタノノキ林です。

普通に収穫できれば、出荷するほど採れるのですが、こういう野のものは毎年だいたい盗まれます。盗まれるというと聞こえがよくありませんので、山菜採りを楽しみにしている方が収穫されて行きます。

ただお願いしたいことは、少しは採らずに残して行っていただきたいのですが……

自然のものには、棘があるものが結構あります。中には蔓性のものもあるし、蔓性とまでは言わないまでも野薔薇のようにカオス的に藪になるものもあります。また、この棘のあるものは生命力があり、戦うには手強い相手です。

昔、金網デスマッチというプロレスの試合がありましたが、まさにあんな感じです。こうした棘性藪と格闘したときは、身体中に数十か所の刺し傷を負います。これも懐かしい思い出、今は流石にそこまでの藪はなくなりました。

この棘のあるものは、早春、いち早く活動を始めて、優位性を獲得するようです。

この鋭いトゲ。これが刺さると本当に痛い。痛みがいつまでも残り、注射針の比ではありません。

ガサ藪をきれいにし、日が当たるようになった場所に一番先に生えてくる木の一つ。この先駆種には瞬発的な生命力の強ものが多いようです。

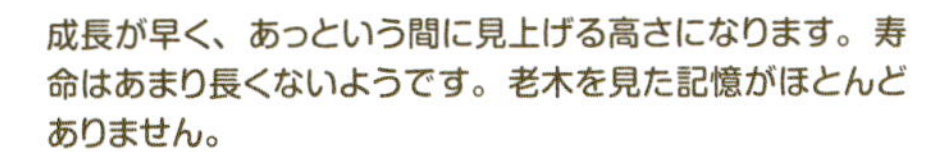

成長が早く、あっという間に見上げる高さになります。寿命はあまり長くないようです。老木を見た記憶がほとんどありません。

86.ヒメコウゾ（クワ科）

和紙で有名なコウゾは、
2枚舌ならず、2種葉です。

2年もするとこの写真の木ぐらい大きくなります。ある一定の大きさまでは極めて成長の早い種類です。

どうしても和紙のイメージからこの樹皮を見てしまいますが、和紙では一番丈夫なものができるそうです。

和紙の原料の一つ。丈夫さで言うとコウゾで作られた和紙が一番とか。クワ科の落葉低木で、この辺りでは7月半ばをすぎると赤い実をならせます。ほんのり甘みを持った味ですが、昨日食べたときにはなんでも無かったのに、今日食べたら舌の先が少し痺れた、ということがありました。食べ過ぎにはご注意ください。

ところで、この葉を見て下さい。同じ木から生えているのに、全く違う形をしています。わたしは長らく、この葉に騙されていました。芽を出して直ぐぐらいの時は、この切れ込みの多い葉をつけています。マグワの葉に似ているが違う、一体、なんの木の葉だろう？としばらくわかりませんでした。

先日、赤い実に吸い寄せられて、するすると近づいて行ったときに、やっと判明したのです。何と同じ枝から2種類の違う葉が出ているではないですか！そうか、この切れ込みの多い葉もコウゾの葉だったのか！植物による目くらましは、判明したときには楽しいものです。

1本の枝を追い、そこについている葉をご覧ください。同一の枝に2種類の葉がついています。葉の形とは樹木にとってどんな意味があるのだろうか、造物主から許された自由の領域なのだろうか。人間からすると、葉の形は木にとっての商標のようにも見えます。

82.リョウブ（リョウブ科）

救荒植物、リョウブ。歴史的背景がその名の由来。

リョウブは漢字で書くと「令法」。どうも「日本法令」を思い浮かべてしまっていけません。そのイメージもあながち的外れではなく、令や法によってリョウブの貯蔵や採取が義務ずけられたという歴史的背景が、その名前の由来らしいのです。

今の日本ではなかなか想像しにくいと思いますが、食べることというのは、人間が生きていく上での絶対条件の一つです。長い人間の歴史の中で、何不自由なく食べることができるというのはごく最近のことです。ましてや飢えの苦しみに怯えることなど夢にもないでしょう。

日本の歴史を紐解いても大きな飢饉は何度も襲ってきています。そういう危機的状況の時に、リョウブは役に立ったということなのでしょう。救荒植物として利用されていたというのです。

私は実際に食べたことはありませんが、リョウブの若葉はアクがなく、生でも食べることができるそうです。一般的にはさっと湯がいたり、天ぷらにして食すようです。

材としては、独特の皮肌の雰囲気を持つことから、サルスベリやナツツバキと同様、和風建築の床柱などにも使われます。また、材そのものは緻密で綺麗なことから、ロクロ細工にも好んで使われます。庭木にも植栽されているケースが多いですね。

今度リョウブを見たら、食べ物のありがたさを想像してみましょう。食料自給率は120%が理想です。痛い思いをすることなく、この意味を多くの人に理解していただきたいものです。

この若葉がアクがなく美味しいのだそうです。炊き込みご飯に混ぜたり、食糧危機で追い詰められた民衆を救った歴史があります。

高さは10mぐらいまでになるそうです。自然林の中で高さ10mはそれほど高いと感じませんが、庭木としてはよく考慮の上、植栽場所を選んだ方が良さそうです。

この樹皮のデザインが和風建築に好まれてきました。白色系の材は硬くて緻密。ろくろ細工の世界で活躍します。

88.シロヤナギ（ヤナギ科）

創造力を養い、育てるのは、自然の豊かさです。

矢の木、からヤナギになったそうな……。ヤナギはまな板に使っても最高の材質。特にまな板にはバッコヤナギが最良とされていますが、ヤナギの材に共通する特徴は復元力。靭性とも少し違うのですが、例えば包丁を当てられた時、一旦傷がついたようでも復元してしまうという、そんな感じです。木材なのでもちろんある程度の硬さがあるのですが、形を持ちつつもスライムのような性質です。この性質が矢の木に向いていたということなのでしょうか。矢は使ったこともなければ、身近な存在でもないので、何とも判断がつきません。

しかし、用途というのはデタラメにあてがわれるものでもないので、数ある樹木体系の中から矢の木としてヤナギが選ばれたということなのです。ヤナギの木は自然の産物、矢は人間の文化的産物。この自然のものを文化的産物として生み出すのが創造力。この創造力は自然を知ることから成長してくるものです。しかし、今、人と自然の関係があまりにも希薄になってきているのではないでしょうか？

人の命も自然を元としています。だから自然に対する感覚が希薄な状態になってしまっては、どうやって人の命の本質を理解するのだろう。そんな取り越し苦労を強いる事件が後から後から途切れることがありません。なぜ、我が子に……、と言うような事件のときには、最悪です、いたたまれない気持ちになります。この反動が、正確にはこの反動も、何とかして人と自然の絆を復活させたい、と言うわたしの気持ちを強めています。自然は豊かさの源泉。生命のふるさと。他にどんなふさわしい言い方があるだろうか。ぜひ、自然の本質を射留めるような言葉を探してみてください。

ヤナギにも沢山の種類がありますが、葉の形がそれぞれに違います。少しわかりずらい写真ですが、葉のつき方の参考に。

幹を見るとどうしても材を想像してしまいます。ヤナギの材としても特徴は粘りと弾力。細い枝に触れて見るとやがて行く末の材の特徴の片鱗がわかります。

道路脇のヤナギ、道路側の空きスペースに向かって斜めに幹を伸ばしていますが、いつまでこうしてここに立っていいられるかは不明。かなり大きくなる種類です。

89.ヤマコウバシ（クスノキ科）

受験生のお守りの木として使われるとか……。

名前からもお分かりのように、香りのある木。山にある、香ばしい、という意味です。葉を揉んだり、枝を折るとより香りが出てきます。生姜のような香りという人もいます。また、黒く熟す実は辛味があり、これをもってヤマコショウという別名もあります。

この木の面白い特性は、落葉性ではありますが、冬でも葉が落ちずに随分残ります。葉は茶色くバリバリになっているのですが、来春の新芽の時期に新芽と交代のように落葉します。この冬でも葉が落ちないという特性に願をかけて、受験生のお守りの木として使われるとか……。その気持ちは痛いほど分かりますが、精一杯、やるだけやって、受かっても落ちても、爽やかな春を迎えましょう。ヤマコウバシも、冬の間はを落とさずに耐えていても春には落としてしまいます。でも、清々しい新しい芽を出します。

その他

その他に含まれる条件としては、森の中にある木ではなく、畦道だったり、川沿いだったり、屋敷裏だっりという条件の中に立っている樹木をまとめています。また、編集途中で新たに見つけた樹木も、その他に入れてあります。

90.クヌギ（ブナ科）

一萱、二竹、三クヌギ。昔日の里山有用種。

畦道にそびえるクヌギの老木。クヌギの1本木というのはあまり見たことがありません。那須連山を背景とした田園風景の中にポツンと立っています。田んぼと田んぼの間に、1本だけ立っているということは、誰かが意図的に残したもの。植えたという可能性は低いと思います。植えるのであれば、何か他の樹種を植えたことでしょう。推定樹齢を考えれば約100年。さらに想像を膨らませれば、現在、田んぼとしているところが、70~80年前は雑木林だったという可能性もあります。もし祖父が健在であれば、確認できる範囲の昔話です。

この葉の感じ。まだまだ樹勢は盛んなようです。しっかりした硬質の葉です。

こうした「意図」を持った痕跡が時代ごとに重なって、その土地の風景がゆっくりと形作られていく、これこそが里山風景の価値だと思います。図面設計で出来た景観とは意味が全く違います。

半世紀前までは大切にされてきたクヌギですが、今は単なる雑木の一つとして扱われるだけ、パルプの原料になるのが関の山です。昔は、「いち茅、に竹、さんクヌギ」と有用性の順番に並べられた言葉に、堂々と登場していたはずなのに……。材として使うには極めて扱いにくいし、硬くて重い割には野ざらしにしておくとすぐに腐る。誰も見向きもしません。

しかし、私はこのクヌギが大好き。材の色、香り、そして持っている音。なんとか生かす方法はないのかと試みるのですが、個人使用で1品だけ作るのであればともかく、製品にして利益が出るようにするのはとても難しそうです。

白い粉を吹いたような樹皮になっています。クヌギにしては珍しい感じ。広い場所で、のびのびと存分に太陽の光を浴びているのでしょう。こう言う条件のところでは、慌てて上に背丈を伸ばさなくても良いので、どっしりとした樹形を作っています。

背景も樹形もとても良いです。幼少の頃、この木には何度も登って遊びました。木が大きくなっていますが、今でもこの木の下に行くとあの頃の感覚が蘇ってきます。

91.ウメ（バラ科）

バラ科3兄弟に思う。

ウメもサクラもバラ科、同じ兄弟です。スモモもそうです。材もだいたい似たようなものです。ただ、ウメやスモモはサクラほど大きくならないので、板材として流通することはほとんどないと思います。クリものの世界で、木の好きな人が様々な種類の木を楽しむために使う、そう言う程度でしか材は生かされていないと思います。

ウメは、この3者の中では一番早く花を咲かせます。紅梅にせよ白梅にせよ、桜よりもシャキッとした印象があります。このシャッキっと感は、実の味も同じです。サクラの淡い甘酸味と梅の目を細めて口をすぼめたくなるような酸味との違いがあります。

葉もそうです。梅の葉は桜よりも小ぶりですが、「なりは小さくても甘く見てもらっては困る」と言うような自己主張を感じます。枝の出方もやんちゃな感じがします。ザラザラとした細かい枝が沢山出てきます。自分一人で藪になりそうなのがウメです。

ウメの花、スモモの実、サクラの材、3者を一つにしていいとこ取りをすると、私の場合はこうなります。あっ、そうそう、人の名前だったら、私は「桜子」が好きですね。失敗をして母者に叱られたときには、スモモの下に身を寄せます。

ウメの枝の出方には特徴があります。無数に細かい枝が出てきます。放っておくと一人で藪になりそうです。やんちゃです。

やんちゃな割りには渋い樹皮をしています。梅さんの特徴です。

畑の角に昔植えられてたであろう、紅梅と白梅。春のひと時だけ色違いの姿を見せます。クヌギの老1本木の近くに立っているウメの木です。コブシをご紹介する写真の中で咲いてます。

92.アサダ（カバノキ科）

そんなはずがない、で終わらなくて良かった。

大きな木です。直径70~80㎝ぐらいあります。この木にしては間違いなく大木の部類。推定樹齢150年。この近辺にはないと思っていた木なので、発見、確認した時はドキドキしました。あまりにも高いところに葉が付いているので長年確認できないでいましたが、近くに同種の小さな木があり、その木から葉を取り確認することができました。

人間の思い込みとは曲者ですね。この木があるはすがない。こんな大きな木が当の木であるはずがない。そういう前提から見ていたので長年確認ができなかったわけです。嬉しい反省をしいられました。

材は、硬くて、緻密で、とても綺麗な色をしています。昔は紡績工場の床などに使われたそうです。組成が緻密で、硬いことからホコリが中に入りづらいというのが理由だったらしいです。また、量もたくさんあったのでしょう。しかし、今は、どうなのでしょうか。もう随分前の話ですが、北海道の木工関係の方から聞いた話です。今、アサダと言って流通している材は、それに似た代替材が多いということでした。

25年前、私の木のお師匠さんともいう方からアサダの板を1枚いただきました。その1枚は今でも大切に持っております。私の木の勉強のメモリアルとも言える1枚です。その小さな板が、アサダとの最初の出会いでした。

樹皮な縦に裂け、下からめくれ上がるようになっています。アサダの特徴です。

幹を下からたどって行くと、あたかも腕を大きく広げて踊るような形の枝が出ています。幹の太さの割りには太い枝です。この躍動感のある樹形はデフォルメ画家の作品にも登場してきそうです。

93.スギ（スギ科）

杉の日、
という国民的祝日を
作ろうではありませんか。

有史以来、今日ほど杉が悪者にされてしまっている時代はなかったでしょう。私たちの生活の中で、スギほど圧倒的に役に立っている木は他にないのではないでしょうか！役に立つことが分かっていたから、何かの一つ覚えのように植林を奨励したのでしょうが、植えてしまえば、手間がかからないとでも思ったのでしょうか。あとは地球任せとでも思ったのでしょうか。（真面目な林業関係者の方、こんな言い方してごめんなさい）

今となっては後の祭りです。しかし、これだけは言葉にしておきたい。人間側の考えの至らなさを棚に上げ、いつの間にかスギの遺伝子を変えろ、と言う話になってしまうとは、浅ましいにもほどがあります。

スギは、北海道を除く日本全体に分布し、それぞれの地域の気候風土によく適応し、育ち方が素直でまっすぐですから、建築材には最も向いている木と言えるでしょう。一般の建築材のみならず、銘木の世界でも「一番安い木は杉、一番高価な木も杉」と言われていることを聞いたことがあります。あの直立する杉の大木を見たときの圧倒的な存在感を思えば、なるほどなと頷ける気もします。その圧倒的な存在感が、なぜか自分の中では素戔嗚尊と重なってしまうのです。極めて個人的な感覚ですので、どうぞ聞き流していただければ幸いです。

スギの生きる世界にダメージを与えてしまったから、花粉症という問題が発生したのでしょう。量だけの問題ではないと思います。神話の世界から、人間は自然を壊した時には、その壊した自然を祀ることで償ってきました。杉の日、と言う祝日を作っても良いくらいです。その祝いの場には、日本酒の樽酒が必需品です。杉の香りが移ったお酒は、なんとも言えない自然との一体感を味わわせてくれます。これこそまさに命の元に捧げる感謝の酒杯と言えるでしょう。

94.ヒバ（ヒノキ科）

ヒバはヒバ、
ヒノキになる必要があるのでしょうか！

アスナロ、ヒバ、正式な名称はどちらだろう？自分の中では、ずっとヒバできましたし、ヒバという呼び名の方が気に入ってます。井上靖は好きな作家の一人ですが、「あすなろ物語」というタイトルだけは好きになれません。

材としての優秀さは、ヒノキもヒバも同等なくらいに優秀だと思います。陰陽の分け方でいうと、ヒノキは陽樹、ヒバは陰樹と言われています。もちろんクッキリかっきりそうだというわけではないと思いますが、そういう性向があるということです。

どちらも匂いはかなりはっきりと自己主張を持っています。この好き嫌いは、あって当然だと思います、ここまで自己主張しているのですから。私は、どちらの匂いも好きです。

フレグランスの世界でよく製品にされている「ヒノキチオール」、お聞きになられたことがると思います。このヒノキチオールという成分、名前はヒノキですが、ヒバから抽出されます。ヒノキにも含まれていることは含まれているらしいのですが、含有量が少ないとの報告です。

木はそれぞれに特徴を持っています。その特徴をよく理解し、適材適所で生かすのが理想です。明日はヒノキになろう！という励みの名称がアスナロらしいですが、ヒバはヒバ。ヒノキになる必要があるのでしょうか。私はどちらも好きですが、匂いの自己主張があるので、使うときはどちらか一方、その時の縁次第です。

ヒノキ、サワラ、ヒバの中では、ヒバの葉はなんとか裏を確かめなくとも分かるような気がするのですが、まだ確信まではいってません。

この樹皮ではちょっと見分けがつかないです。どちらかというとサワラに近いかも知れません。

池のほとりに立つヒバ。片側に枝が伸びています。ヒバ材の匂いはヒノキチオールの匂い。ヒノキチオールはほとんどがヒバから抽出されます。ヒノキにも若干含まれていることが確認されていますが、その程度です。

95.スモモ（バラ科）

地面を占領しながら成長し続けてきたスモモの老木。

地べたに這うように生きているスモモの老木、母の話によると、兄が小学生の頃、学校で販売していた苗木を買ってきて植えたのだそうです。

もちろん最初は立っていたはずです。根元を見るとわかりますが、そこそこの大きさになった時に、強風か何かで倒れてしまったのでしょう。以来、ジシバリが木になったように地面を占領しながら成長し続けてきたのです。

このスタイルは実を採る立場からすれば誠に都合が良い形です。毎年、たくさんの実をつけます。私も、随分と恩恵に預かりました。しかし、それでもほとんどがカラスの餌になっていたのでは無いかと思います。

実の成る木は、子供にとってはワクワクの対象です。少なくても私の幼少時代においは……。でも、今の子供たちにとってはどうなのでしょう。近くのスーパーに行けば何でも売っているし、画面を見れは、椅子に座ったままで無数の遊びが待っています。わざわざ木になっている実をとって食べることに喜びを感じるのでしょうか？あるいは、人間の本能として、そう言う機会さえ持つことができれば子供たちは夢中になって遊び、喜びを感じるのでしょうか?

みなさま、いかが思われますか……?

スモモの実がつき始めました（7月）。

寝たきりのスモモの老木。老木とはいえ、まだまだ実がなります。

草花のジシバリのように地面を占拠しながら生きてきました。開けた場所に植えられたことが幸いしました。夏の光が葉を照らし、眩しいほどです。

96.ニシキギ（ニシキギ科）

植物に教えを請いたい、朝日と西日の違い。

庭木や生垣、盆栽としても人気があるニシキギは、世界3大紅葉樹の一つに数えられるほど。この里山にも決して数は多くはありませんが、ポツン、ポツンと思わぬところに生えています。種子の運び屋さんは、もちろん小鳥たちです。

いろいろ調べてみると面白いもので、昔は、この種子は人間の便秘薬や毛ジラミの駆除薬としても使われていたのだそうです。今の時代、毛ジラミなどほとんど聞いたことがありませんが、便秘薬としてならまだまだ出番がありそうです。

植木の世界のことで、ちょっと目を引いた解説がありました。紅葉を美しくするために、西日を避けて日当たりの良い場所に植える、という一文です。経験的に西日の作用を認識しているということです。家を建てる際、間取りを考える際も、この西日の作用を前提に組み立てていく考え方もあります。それは同時に朝日のことも考えているということですが、この西日と朝日、地球規模のメカニズムの中で、全く性格が違ってしまうようです。植物は人間よりもそのことをよく知っています。まだまだ人間は植物の動きからそのことを学ばなければならないようです。

枝のふちをよく見るとヒレのようなものがついています。

追記

ニシキギは枝にヒレのようなものをつけています。これがついているためすぐに見分けがつきますが、これが何のためにあるものなのか分かりません。

灰褐色の渋い樹皮。あまり大きくなる木ではありませんが、写真の木で直径7～8㎝。ニシキギにしては大きな方です。

土手の草刈りで、はみ出した分は何度も刈られているようです。通常、庭木の剪定では葉が落ちてから刈り込みをしますが、農事における刈込みは葉がついている真っ盛りに行われます。

97.ノイバラ（バラ科）

ノイバラの美と力を引き出すのは、人間です。

　ごく普通にみられる野薔薇のことです。山野に自生し、白い花を咲かせた時はキレイなのですが、荒地になったところで他の雑草と絡み合うように茂みを作られてしまうと大変です。鋭いトゲをもったつる性の茎がどう繁茂しているのか判別できなく、たいがい血だらけの格闘をしながら、藪を整備して行きます。

　年数がくって大きくなっていればいるほど茎は硬くなり、安い刈払い機の刃ではすぐに切れなくなってしまいます。新品の刃でも切れ味が心細いほどです。ノイバラが多いガサやぶの場合は、気合いを入れて高価な刃を用意します。

　しかし、このノイバラ、相当生命力が強く、刈っても刈っても復活してきます。このエネルギーを利用しない手はありません。調べると、すぐにその薬効性が出てきます。果実は「営実」（えいじつ）と言われ、瀉下薬、利尿薬に利用されているようです。また、化粧品の成分としても利用されており、美白や保湿、皮膚細胞の活性、抗酸化作用があるということです。

　改めて思いますが、植物の力、機能の幅とはすごいものです。この植物の力を生かし切ることが、人間にとっても、植物を始め自然の生き物にとっても、より良い関係を築いていく基礎なのでしょう。がさ藪がひどい時には目の敵にしているノイバラですが、ガサ藪がなくなり、すっきりキレイな環境になってしまって、同時にノイバラがなくなってしまうのも寂しい感じです。きちんと手入れをして、おつきあいをすれば、花咲く時期はキレイだし、薬効性や化粧機能もあるし、里山を豊かにする一員です。交通整理をするのは人間の役目です。

小ぶりの葉。この葉の表面が光っているものをテリハノイバラと言います。

このトゲには散々泣かされました。作業服はボロボロになり、身体中傷だらけ。ノイバラが多いところを整備するには根性が要ります。

ノイバラの茎の混み具合をご紹介したくて、複雑に絡み合っている他の雑草を全て取り除きました。たったこれだけの作業で、半日かかります。服も帽子もボロボロになります。

98.オノエヤナギ（ヤナギ科）

柳田さんのルーツを想像する。

ここは昔、水田だったところです。ヤジ田で美味しいお米が取れたところですが、泥が深すぎて作業難航のため休耕田に。休耕田にしてどれくらい時間が経つのか分かりませんが、ここは柳と田の良い見本です。

8年前、一度キレイに草刈りをしています。ヤナギの木だけ残しておいたのですが、その時ですでにそのヤナギは10年から15年経っていたと思われます。そうするとこの写真の木は、およそ20年前後ということになるのですが、オノエヤナギという種類のため、おそらくこのくらいが限度の大きさだと思います。

休耕田にしておくと柳が生えると言います。その通りで、2反歩ぐらいのところに何本もヤナギの木が生えています。（ビッシリではないのも不思議）これはもしかしたら柳田さんという名字の方に何か関係があるのではなかろうか……?真面目にそんなことを思ってしまいます。

昔むかし、柳の生えているところを狙って田んぼにせよ、と逆からの発想をした集団がいて、その集団が自らを「柳田」と標榜し、それがやがて柳田という姓になった、ということだって考えられます。名前には何かの意図があり、その記憶装置になっていると思うからです。

オノエヤナギのあるところ、イコール美味しいお米の取れるところ、だったりするかもしれません。この柳は特にかもしれませんが、材の粘りがすごいです。細い枝を折ろうとしても、グニュグニュという感じで、折れたと思ってもまだどこかくっついています。そう言えば、ここの田で取れるお米にも粘りがありました。

細身で長い葉。この形が遠くから見たときに柳のシルエットを醸し出します。

渋い樹皮。直径10㎝ぐらい。それほど大きくなる柳の種類ではないようです。

背の高い木になる、という樹形はしていないです。この細いあ枝がなかなか折れません。シダレヤナギを模して柳腰というのでしょうが、オノエヤナギだってなかなかどうして、負けてはいません。

続巻へのプロローグ

人間が環境を整備する、
手を加えるということの意味。

今回の樹木編は、98種のご紹介で終了となりますが、今現在、蔦性の樹木を含めて10 3種まで確認しています。わずか1㎞四方の中にです。これらの樹木たちが健全に生育できる環境を維持することは、イコール林床に生育する草花たちにとっても大きく影響を受けることなのだと言うことを目の当たりにしてきました。

下の2枚の写真をご覧ください。同一場所です。時間的に約5年の開きがありますが、左の写真に写っている藪は、有棘蔦性の植物で、高さ約3m、厚さ10mの分厚い壁を作り、まるでお湯をかける前のカップ麺のようにこの空間全体を塞いでいました。その藪が取り払われ、全体に環境が安定した状態の写真が右側のものです。

この状態になった後、マルバウツギの木の下、右奥のところにサクラソウの小さな群生が姿を表しました。土の中にあった種子が生き続け、環境が整わずに芽を

出すことができなかったのでしょう。人が手を加え、林床に光が届くようになり、また風が通うようにな
ると、土の中の世界が変化してきます。この変化した結果が植物多様性を支える大きな条件になるのだと、改めて気づかされます。里山は人の手が加わることで、その健全さを維持することができます。こういう現実を目の当たりにすると、その意味が実感として分かってきます。

さらに、生命が織りなす自然界の意味も、少しは見えてきます。自然界には、人の存在を前提としない原生林的な自然と、人の存在が前提の里山林的な自然があります。この違いをなんと見るか、解釈は様々でしょう。自然界に存在するものは鉱物も含めてそれぞれに時間軸を持っています。この時間軸がキーワードなのかも知れません。

人間は、人間の時間軸を中心にして自然の生き物たちと暮らしを構成しています。この時間軸の調和を乱すものが、いわゆる公害といわれるものになります。人間は循環を繋ぐことも、公害を出すこともできます。ゆえに自然界に対して、人間は責任重大な生き物であるようです。

※写真中央、花を咲かせている木がマルバウツギ。

1.サクラソウ（サクラソウ科）

暮らしの豊かさとは何でしょう。

この写真は日常の暮らし空間の風景で、なんでもない当たり前の風景です。しかし、この風景を維持するには必要条件があります。それは人が自然と関わっているということ。と言っても、種子を蒔くとか、植栽をするということではありません。

放置された里山林はあまりにも生命過剰になります。そして生きる環境がどんどん劣化していくという姿を、今の日本の里山林は見せてくれています。生命過剰ではあるが多様性はそれに反比例して無くなっていく。故高橋延清先生ことどろ亀先生が詩に残してくれたように、神の定めた調和の世界は「一種の生き物が森を支配することのないように」というのが真実なのでしょう。

さて、サクラソウですが、花の咲く姿も可憐で清楚、日本人の好みにはぴったりのようです。調べてみると、昔から人気があり、江戸時代には相当育種が進んだようです。平成17年にはサクラソウ会が297品種を認定しています。

しかし、里山林の荒廃とともに野生の群落を見ることは稀になってきているそうです。当然と言って然るべきでしょう。ただ、復活の可能性はまだまだありそうです。このページの写真は、江戸時代に撮影されたものではなく、平成30年の初夏に撮影されたものだからです。

実態のない情報化社会がいっくら進んだからとて、やはり本物の豊かさを支えるのは、自然を基にした絶対アナログの世界なのです。この認識のない豊かさは空中楼閣でしかない、と言えないでしょうか。

以下、続刊へ続きます。

この写真を撮した場所の近くにも小さな群落がありますが、そこは他の草が混じっており、この写真のように、サクラソウ・オンリーのところは今の所他に確認しておりません。写真の上部、中央より少し向かって右側の木がマルバウツギです。全ページの写真とは逆方向から撮影したもの。

このピンクの色といい、円陣を成した花の形といい、可憐で清楚ではないですか。サクラソウのファンが多いこともうなずけます。江戸時代には盛んに品評会が行われていたそうです。栽培者は旗本や御家人など武士階級が多かったとか。

続巻の概略案内

続巻は「里山風土記」草・花・菌類編ということでまとめていく予定です。
すでに調査を開始しておりますが、いかにそれぞれの植物が連動しているかということがお伝えできればと思っています。その調和を支えているのが、水、光、空気、そして舞台となる土壌（地球）。
ここ半世紀、あまり意識を向けずに来た部分です。もう一度、生き物としても原点に立ち返ることができるような、そんな構成にしていけたらと願っています。

里山の岩戸を開く

1.里山とは……。

便利な時代となりました。「里山とは……」と言ったところで、ネットで検索するとすぐにそれに関する情報が山と出てきます。この「里山」という言葉が一番最初に現れたのは、江戸時代の文書の中だそうです。そして現代的な意味合いで使われだした最初が、どうも京都大学の先生によるところが大きいということです。

それでは「里山」とはどんなところを言うのでしょう。音としての響きも、どこか人間の心を落ち着かせるようで、とても良い言葉だと思います。「里」を修飾語とした場合、字義的には「里」とは都会に対する田舎の地理的空間のこと、「山」とは土地が隆起したこんもりとした形を言う他に「森」や「林」のことも言いますから、一番狭義には、田舎の森林つまり雑木林などを指して言うのでしょう。

この本の中で私がイメージしている里山は、「里」と「山」を同格で考え、もう少し広い意味にとっています。簡単に言ってしまえば、ひとむかし前に農村地帯と言っていた空間のことなのですが、私のイメージを言葉にすると、次のようなものです。食料を生産することができる空間であること。そして人と自然が気軽に交流できる空間であること。この2つを兼ね備えている人の暮らし空間が、私のイメージする里山という空間です。

2.自然は、鏡のように……。

その里山が、ここ50年の間に、たぶん日本の有史以来初めてのことだと思うのですが、ガサガサの魅力のない空間になってしまいました。なぜそうなったのか?おそらく生きる脅威を曲がりなりにも克服してくることができたからでしょう。食料のこと、暑さ寒さのこと、そして便利で手軽さを手に入れたこと、これらの条件が揃うことで、自然に対し意識を向ける必要がなくなったのだと思います。こうして人と自然の隔たりが生じ、今日のようにほとんど交流のない状態になってしまいました。今の里山の姿を客観的に見れば、そう判断せざるを得ません。しかし、人と自然はこんな向き合い方で良いのでしょうか?

長い年月をかけて、私たちの先人たちが自然と向き合うことで里山という空間は作られてきました。今現在の里山の姿を、もし100年前の人が見たらどう思うでしょう。決して美しく、豊かな状態とは言えません。まるで里山の良さが重い岩戸の中に隠れてしまったかのようで

カタクリ　ユリ科カタクリ属　多年草

昔は群生地が複数あったらしいのですが、今は、此れと言う群生地は1箇所だけ。他に、これから群生地にできそうなところが1箇所。

少しでも人の手が加わると植生バランスを維持することができますが、放置することで、笹に占領され、こうした植物は姿を消していきます。

アザミ　キク科アザミ属

アザミは種類が多く、世界には250種以上、日本にも100種以上あるそうです。スコットランドでは国花にもなっていると言います。

生命力が強く、あっという間に増えます。日本では食料にもなっおり、若芽や根が山菜として売られています。

それにしても、この色も綺麗ですねぇ!

す。

人間以外の自然界の生き物は、自然の反応をあるがままに受け入れる、あるいは自然にあるものをそのまま使うだけです。ところが人間だけは、意識を持って自然界に働きかけることができる唯一の生き物です。これが厄介なところでもあり、逆に上手く使えば素晴らしい面でもあります。こういう立場にあって、人間には大きく3つのタイプがあります。自然に対し全く無関心の人、自然の形を平気で壊す人、侮辱する人、あるいは奪うだけの人、自然の恵みに感謝し、自然を慈しみ、そしてより豊かにしていこうとする人、これら3種類の人間が共存しているのが今の人間世界です。人と自然の関係は、特に里山という空間はこれら3種類のタイプの平均値で決まります。

現在の里山の姿は、果たして一体どのタイプの平均値でしょうか?無関心、そしてゴミを捨てるという侮辱、悲しいかなそのタイプの平均値が圧倒的に多いようです。生きている限り、自然に関心があろうがなかろうが、誰に対しても平均値で意味を返してくれるのが自然です。自然は人の心を映す鏡と言われる所以でもあります。快適で豊かな自然を望むなら、まずは人間から先に行動を起こすことが大前提です。そうすると自然という鏡はそれに応じた姿を映してくれるようになります。必ずです。

3.里山再生の意義

1）里山の現状

農業は里山の暮らしを支える大切な職業です。いえいえそれどころか、農業はすべての国民の命を支える最も重要な職業です。しかし、農業を取り巻く環境は厳しいと言わざるを得ません。

里山が抱える問題として、まず農に関する問題が挙げられます。現在の農業就業者におけるますますの高齢化と後継者不在。耕作放棄地がさらに増えていくことは容易に予測できます。農地が荒廃していくと言うことは、国全体として大きな損失に繋がります。金銭的なマイナスにとどまらず、人間の精神的な面へのマイナス影響も懸念されます。

農地と並存してきた里山林は、もうすでに99%荒れてしまっていると言っても良いでしょう。

里山林が荒れるとは、どう言う状態を言うのでしょうか。林内には背丈の高い笹が密生し、植物の多様性がどんどんなくなっていく状態。樹木が密生し、倒木や立ち枯れが極端に目立つ状態。いたるところが獣の生息領域となり、農作物への獣害の増加。これによってますます生き物との共生を難しくしていきます。かつて清々しかった景観が鬱陶しい景観になっていくに従い、投機ゴミが益々増えていきます。現実には何十年分と言うゴミが土中に埋もれ蓄積されています。見通しの良くない空間は交通の危険性を増し、身を容易に隠すことのできる条件は犯罪の危険性をも増します。暮らし環境が荒れることによる影響は何一つ良いことがありません。

この現状をまずは真正面から認識しなければなりません。できるだけ多くの日本国民が認識しなければならないことだと思います。しかし、現実には大きな壁が立ちはだかっています。里山に暮らす人にとっては、少しずつ徐々に変化してきたことであり、ある意味慣れっこになってしまっているために、客観的な認識に至りにくいと言うこと。それと農業及びエネルギー源として雑木林との関係がなくなってしまったと言うこと。都会に暮らす人にとっては、現実に目にする機会がないと言うこと。しかし、よく考えていただきたいのです。里山が荒れるとは日本国土の40%が荒れると言うことです。樹木の生育環境が劣化し、植物多様性がなくなっていくと言うことは、人間の生存条件にとってもマイナス影響が大きくなっていくと言うことです。この影響は、里山で暮らす人にだけでなく、都会で暮らす人にも等しく及んでいきます。

2) 里山は食料の生産地

人間が命を継続していくためには、食べて、呼吸をして、眠ること、最低これら3つの活動が万全でなければなりません。これら3つのうち、最も良し悪しの差が出やすいのが食べること。そして、最も個人の意識で改善していくことができるのも食べることです。

日本において、食べることに不自由なく、それどころか自分の心がけで食の改善ができるようになったのは、そう遠い昔のことではありません。歴史を紐解けば、食べることに必死だった記録がたくさん残っています。飢えの苦しみを少しづつ乗り越えてきて現代に至っているはずなのですが、喉元過ぎればなんとやらで、この苦しみを教訓としている人が今の人たちの中にどれだけいるのだろう……。50歳も半ばになった私の年代でさえ、飢えの経験をした人

アヤメ アヤメ科アヤメ属　多年草

澄んだ紫色の何とも清々しい姿です。花の大きさが小ぶりなのも好感度。道端のアヤメの株ですが、燦々と光を浴び、毎年、その株を大きくしてきています。しかし、昨年は1/3株ぐらい盗掘に遭ってしまいました。こんなに綺麗なのですから、そのお気持ちはわかりますが……。

コバギボウシ　ギジカクシ科ギボウシ属　多年草

ギボウシの花言葉は、落ち着き、沈静、静かな人だそうです。
優しい紫色、清楚。コバギボウシは日当たりの良いところで、少し湿っぽい場所を好んで生えてきます。ここ10年で、少しづつ群生地が出来てきました。
ゴールデンウィークの頃に芽が出始め、その若芽を狙って、1~2回はさっと湯がいて食します。嫌なくせもなく、少しぬめりがあって、歯応えも良く、野のものが持つ力強さもあります。いくらでも収穫できますが、1~2回食べれば十分。季節の食べ物です。

はまずいないでしょう。私たちはそのくらい恵まれた時代に生きてきているのです。その反面、命の基盤に対する意識が薄れているのも実情です。生きていて当たり前。自然があって当たり前。当たり前の意識からは、物事の摂理を結びつけて、自分の意識に落とし込むなどということはまず考えられません。

一般的な情報を信じれば、日本の食料自給率は半分以下、40%代前半だそうです。つまり輸入に依存している量が多いと言うことです。にわかには信じがたい現状ですよね。いざ何かあった時にどうするのでしょう。最悪のことを想定すると、自由か命か、どちらかが奪われるということを意味しています。極論と思われるかもしれませんが、問題の本質をよくよく考えれば誰もが納得せざるを得ません。実は、そんな厳しさを内在させているのが食料問題です。里山が健全に機能しているということは、いざ何か不測の事態が生じた時に、日本国民の命を継続させることができるということを意味します。ゆえに里山の問題はイコール全日本国民の重要問題、と言うことではないでしょうか。一旦荒廃した農地を復活させるには、今日明日でできるような簡単なことではありません。

里山、極めて重要なポジションだとは思いませんか。

3) 人と自然の交流地

自然界には、大きく2つのタイプがあると私は考えています。一つは、人間の存在を前提としない原生林的な自然界。そしてもう一つは、逆に人間の存在を前提とする里山林的な自然界です。同じく自然界と称しても、向き合い方はハッキリと区別しておく必要があります。

里山林的な自然界は、人々の暮らし空間の中で、何代にもわたって、人と関わりながら出来上がってきました。農業が自然のものをうまく循環させながら成り立っていた時代には、落ち葉は堆肥の重要な原料として欠かせないものでした。農業を営む家では、年に1度は木の葉さらいという作業をしなければなりませんでしたから、これによって里の雑木林は健全な植生環境と景観美を維持していたのです。そして作物の味も同時に維持されていました。その堆肥を使って生産される農作物は、中身の詰まった充実した味を持っていました。この時

サイハイラン　ラン科サイハイラン属　多年草

　名前の由来は、花のつき方が、戦場での指揮官の采配する様子に似ているからだそうです。
　全国的に減少傾向にあり、絶滅危惧II類、準絶滅危惧種に指定している都道府県が結構あるようです。無思慮な土地開発、園芸目的の採取がその大きな原因らしいですが、里山の荒れ放題も大きな原因の一つだと思います。

代に生産された作物には、含有元素の種類が60種類以上あったと言います。それに比べ今の時代に生産される農作物にはその半分以下しか含まれていないそうです。この違いは作物の味にそのまま反映されていると言っても良いでしょう。雑木林は秋に色とりどりに紅葉し、人々の目を楽しませてくれますが、その彩りを支えているのが含有元素の種類と比率、それを考えると豊かな紅葉は形を変えて豊かな味の素になっていたのです。

　また、半世紀前までは、里山における暮らしの暖と燃料には炭と薪が使われていましたから、雑木林はエネルギー源としても、人々の暮らしとつながりを持っていました。

　まだあります。里山林は子供達の遊び場の一つでもありました。大人の目線で見れば、これは付随的なことでしかないように思われるかもしれませんが、人間の成長過程を本質的に考えると、とても大切な経験ができる空間だったのです。子供の感性の中に刻印された自然と触れ合った経験は、その人の一生を通じて様々な選択に影響を与えることでしょう。少なくとも、極端な行動にブレーキをかけることができる能力を身に着けるここができるでしょう。

　以上のように、一昔前までは、人の暮らしの中で結びついていた里山林ですが、今は、見向きもされず荒廃の一途を辿るだけ、これが現実です。

4）生物多様性の宝庫

　よく聞きます、里山は生物多様性の宝庫であると。確かに、アスファルトで覆われた都会に比べると圧倒的に多いでしょう。しかし、ここ50年という時間軸の中で見たとき、その多様性がだんだん少なくなってきているというのが現実ではないでしょうか。ですから、今の時点では少し言い方を変える必要がありそうです、「里山は、本来は生物多様性の宝庫である」と。

　生き物に関しては、また別の機会に譲るとしても、植物に関していえば、長年放置された里山林では、多様性は過去のものとなってしまっている、と言えるかもしれません。少なくとも、見た目の多様性はありません。強いものだけが繁茂し、極端に偏ったバランス構成となっています。注意してよく見れば、ポツリ、ポツリと様々な植物が生えているのかもしれませんが、景観とは、植生のバランスで決まります。数多くの種類の植物がハーモニーを奏でているとはとても見えません。

　ただ、確実に言えることがあります。今ならまだすぐに多様性の宝庫に戻すことができる、そして今現在、荒れ具合が酷いところほどその可能性が大きいのです。なぜか……、地味が肥えていて植物の生育条件が良いところほど繁茂具合が半端ではないからです。昔、畑として使われていたところなどは総じてそうです。本文中、サクラソウの群生地でご紹介した場所などはまさにその例で、50年前まで畑として使われていたところでした。

多様性が持つ意味を、その光景を目の前にしながら考えてみてください。有無を言わさず、これが豊かな環境だと素直に思えてきますから……。

5）暮らし空間を知る

情報の出所は、この後の「参考に」のところでご紹介しますが、世界には、自分たちが生きる場所にある動植物を何千種類と独自に分類整理している社会があるそうです。現代の遺伝子学を元にした分類ではないというところが、考えようによってはさらにすごいことです。その社会では、知っていて当たり前というのが前提だとか。それに比べると、今の私たちはどうでしょう、実際に里山に暮らしていても、樹木やその他の植物に関して、ほとんど知らない、関心がないというのが当たり前のような感じです。ただ、こうなったのもそう遠い昔のことではないようです。

日本人は、特に木に関しては、それぞれの木の性質に即した使い方を作り上げてきています。これは日頃から親しんでいて、よくその性質を知っていないとできないことです。この事実があるということは、長い日本の歴史の中で、ここ何十年かの状況が、ある意味特殊だということです。

今回、自分の暮らし空間の中にある98種類の樹木をご紹介してきましたが、1本、1本どこの場所のどの辺にどんな形で生えている木か全て分かっています。写真を撮ったのも自分ですから、当たり前といえば当たり前なのですが、お伝えしたいことは、自分の暮らし空間を知るということは、豊かさの大きな源となるということです。この感覚は心の安定にもつながります。そう自分で実感したからこそ、むかし、ある企画を夢想していました。

ソコソコの大きさの雑木林を整備したら、学校の生徒たちを巻き込んで、その場所に限っての植物図鑑や生き物図鑑作りのコンテストをしたらおもしろうだろうと考えていました。そんな活動を通して、自分たちの暮らし空間を知っていくことができたら、ほんの小さなことかもし

ツチアケビ　ラン科　日本固有種
別名、山錫杖（やましゃくじょう）

栃木県では、多分、絶滅危惧?種になっていると思いました。このツチアケビも極端に数が少なくなっているように思います。

民間では土通草と呼ばれ、強壮、強精薬、腎臓の薬として服用されています。

葉がなく、養分は共生菌に依存しているとのこと。デリケートな植物です。

れませんが、どんなに小さなことでも本質に近ければ近いほど、それはやがて大きな差となって現れてきます。少なくとも、人と自然の関係改善へ向けて重要な舵きりができるのではないかと考えていました。私の場合、いまだ実現はしておりませんが、日本全国の中では、地域ぐるみでそれに近い活動をしているところがあるようです。

6）子供情緒教育の場

情緒とはなんでしょうか。辞書をひらけばすぐに言葉の意味を調べることができますが、自分の言葉で言えば、命のみずみずしさを感じ取ることのできる感性のことです。この情緒は、小さい頃に養うもの、あるいは本来持っているもので、それが退化しないように幼少の頃に刻印するものなのかもしれません。断言はいたしませんが、人間の心の動きを注意してみてくると、どうもそう言う面があるようです。

私は、この情緒教育には自然と接触させることが一番だと思っています。なぜなら、自然は命の集合体であり、一番情報量が多く、そして一番自由に感じること、想像することを許してくれる世界だからです。

例えば、コナラの木は里山の樹木の中ではとても本数の多い木です。仮に1000本生えていたとしても、どれひとつ同じものはありません。1本の木についている数多くの葉っぱでさえどれひとつ同じものはありません。しかし、コナラという木を理解し覚えると、1000本の木のどれをみてもコナラと認識できます。形も大きさも違うのに同じだと認識できる、これが自分の中にコナラという情報の核ができた証拠だと言えます。この核のことをプラトンはイデアと呼び、核そのものを言葉で説明しようと試みたのでしょうが、言葉にすることはできなかった。しかし、確実に何かが生じたから、コナラであると同定することができるのです。この情報の核には力の差があり、数多くの経験を積むことで不動の力になります。この核に深さと厚みができればできるほど、情緒の源が豊かになっていく、と私は理解しています。その情緒を育てるには、同じもの（コナラ）でも無数に違うもの（1本1本の個体）がある自然と触れ合うことが一番だと思います。

そしてこの情緒が育っている子には、自ずと創造力も養われているのではないでしょうか。創造力とは何か目新しいものを発想する力のことだけではありません。秩序を見つけ出す力

タンポポ　キク科

タンポポはたくさんの種類があり、細部まではなかなか見分けることができませんが、大きくは日本タンポポと外来タンポポがあり、ニホンタンポポがだんだん数が少なくなってきています。

陽当たりの良い野はら一面に咲き、咲き終われば綿帽子を風に乗せて一面に散らばります。

根をタンポポ・コーヒーにして飲用しているところもあります。

や守る力、美しいものに反応する力も、創造力のなせる技です。

4.里山整備の実際

1）下草刈り

放置された雑木林の中はほとんどが笹の密生地帯になります。一度笹が生えるとあっという間に広がり、時間とともに密度が増していきます。笹の背丈は遠くから見るとさほどでもないのですが、近くに寄ってみると思いの外高く、人の背丈ぐらいになります。

この笹の状態と周りの雑木の背丈、密林度、形をみると、おおよそその雑木林の年数と放置された年数が推測できます。その推測からすると、雑木林が放置されはじめたのが、40年から60年前ぐらいですから、エネルギー転換の時期とほぼ重なります。

笹が密生した山林の中では植物多様性が姿を消し、林床に光も届かず、風も通わない。土の中の世界も、この条件にあった世界へと変化していきます。ジメジメと嫌気的になり、樹木の立ち枯れ率も高くなるのでしょう。荒れた山林の中では驚くほど立ち枯れした木と倒木を見かけます。

こうした状態を改善していくためには、まずは下草を刈らなければならないのですが、一面の笹海原の下には倒木やら枯れ枝がゴロゴロしていますので、大変危険な作業になりますから、慎重に行わなければなりません。地味な作業ですが、ここから環境改善の1歩が始まります。この作業を昔の人は手作業でやっていたのですから頭が下がります。それでも今よりもずっと山林は健全な状態を保っていました。いかに関わりが深かったかを物語ります。

この作業が済むと林床には光が届くようになり、風が通うようになります。実際に下草刈りを体験された方でしたらお分かりになるかもしれませんが、下草刈りが終了すると、山林内の気の流れが一瞬で変わります。

2）倒木撤去

下草が刈り払われ、林床が姿を表したときに、場所によるかもしれませんが、まず、倒木の多さに圧倒されます。本文中、前庭の森としてご紹介したところなどは、もともと赤松が多かったところなので、樹高20m以上の松がゴロゴロ倒れており、その倒木群と向かい合った時、はじめて1本の木の持つエネルギーに驚かされました。このエネルギーをうまく生かせば、一体どれだけ無駄をなくすることができるだろう。例えばこの本で限定した空間だけでも、全ての倒木と落ちている枝を集めたら、10軒の家の10年分の暖房費が賄えるのではないかと思うほどです。こういう発想は、人力で1本1本片付ける過程で浮かんでくるものなのですが、業者に頼んで重機であっという間に片付けたとしたら、大切なことを気づく間も無く次の工程に移ってしまうでしょう。

それともう一つ。夢中になって倒木を片付けていても、もしかして全てを片付けてしまってはいけないのではないだろうか……、という考えも浮かんできます。倒木に命を負う生き物もいるからです。全てはバランス、そこそこという加減で留めておくもの意味があること。人と自然のあり方をもう一度見直そう、生活空間の中でもう一度自然との調和関係を築こう、そういう意図があって環境整備をする場合には、生身の体を使って自然と対峙して、様々浮かんでくる発想を大切にしなければなりません。その一つ一つに自然との調和関係を築いていくヒントが隠されています。

3）間伐

下草を刈り、倒木を片付けると、そこには見違えるような空間が誕生しています。見た目だけではなく、匂いも、皮膚を撫でる風の感じも、温度も、その空間に響く音も、全てが清々しくなります。そしてその状態になったこらこそ見えてくる風景があります。目で見ながら想像の中に現れてくる風景、隠れている風景とも言えます。

その風景を想像しながら間伐をしていきます。放置された山林の中では樹木の数が多すぎる、それは間違いないことですが、かと言ってどれくらいが適正な数かは判断しようがありません。光と景観と、樹木の種類、性質を考慮しながら間伐していきます。

背の高くなる木、中くらいの木、低い木、長生きする木、それほどでもない木、繁殖力の強い木、あまり強くない木、樹形の良い木などなど、それこそ考慮する要素はたくさんあります。数学の問題ではありませんので、間伐に完璧な答えなどありません。ただ、一つの目安はあります。それは人間の目から見て心地よいという森のデザインに仕上げることです。不思議なもので、そうすると、その空間に自分の気持ちが溶け込んでいくような気がしてきます。やがて歪みもなく一体となってしまったような気がしてきます。たぶん、その感覚が同調というものなのだと思います。

こうして里山の風景を印象づける雑木林が美しさを取り戻していけば、日本各地、その土地の条件なりの清々しい風景が誕生してくるでしょう。そして今度はその風景が知らずのうちに人を育てて行くのです。

4）ゴミ、ゴミ、ゴミ

ゴミはどこへ行っても落ちていますね。里山が荒れることとゴミの量にはある程度相関関係があると思います。荒れた山林の整備に取り掛かって15年。結果的に23ha、約7万坪という広さでしたが、いかに一人でやるには広い面積でも、日本全国の里山林の面積からしたら、針の1点にすぎません。しかし、どこへ行っても同じようなものですので、縮図であるとも言えます。この7万坪の中に落ちていたゴミの量たるや、想像に絶します。通りから眺めるだけでは、決して実情は分からないでしょう。

表面に見えるゴミに関しては、いかに量が多くても、拾うこと自体は比較的容易にできます。それでも目に付くゴミを拾って、ゴミ処理センターへ運んだ量は、軽トラックで20台分ぐらいはありました。問題はその後です。表面の目につくゴミがなくなっても、アスファルトの上に捨てられたゴミとは違い、土の上に捨てられたゴミは、そのままにしておくと必ず土中に埋まっていきます。この埋もれてしまったゴミを拾うのが厄介です。おそらく3~4年は次から次へと土の中からゴミが現れてきました。あまり気も進まなかったのですが、いづれ何かの機会に伝える必要が生じてくるかもしれないと思い、1年間だけ、土中から出てきたゴミの写真を撮っておきました。吐き気がしてくるぐらいすごい量です。

樹々たちの清々しい写真とは対極に、醜い写真です。しばしご辛抱下さい。

これも人間を映した鏡です。

昭和、平成に捨てられ、地中に埋もれてしまったゴミ。今は、土中に埋もれたゴミもなくなり、本来の清々しい自然の姿を取り戻しています。

長年、同じ場所のゴミ拾いをしてくると、落ちているゴミの種類、ポイントで色々見えてくるものがあります。不思議なもので、どんな人が、どんな状態で捨てているのか、何となく分かってしまいます。ゴミの文化人類学、なんて言う分野だって作れるかもしれません。あるいはゴミの拾い方という言うノウハウ本だって作れてしまうかもしれません。投棄されたゴミを通して人の気持ちの動きが見えてしまうのです。

ゴミ拾いのエピソードとしていくつかご紹介しましょう。何年か前、毎朝、ティッシュに包んだタバコの吸い殻が落ちていました。しばらく見当もつかなかったのですが、ふと思いついて、これは通学途中の学生が捨てたものだと確信しました。案の定、2年後の4月以降、そのティッシュに包んだタバコの吸い殻のゴミは見かけなくなりました。

人間の習性とは共通するものなのでしょうか。カーブになっているところは、ゴミの量が多いんですね。曲がる時の遠心力でゴミが捨てやすいということもあるのかもしれませんが、心の何処かにゴミを捨てることへの後ろめたさがあり、ゴミを捨ててもカーブを曲がってしまえばすぐに姿が見えなくなるとでも無意識のうちに思っているのかもしれません。とにかくカーブはゴミの量が多いのです。

投棄されるゴミの種類はほんとうに多く、冗談抜きで人の死体以外あらゆるゴミを拾ったような気がします。ゴミを捨てている人は、地元の人から別荘族の人、観光客、そしてたまたま通りすがりの人、落ちているゴミからそんなことぐらいは容易に判断できます。この投棄ゴミを誘発するのが、荒れた景観です。そして捨てられたゴミがまたゴミを呼び、悪循環の無限スパイラルが続くことになります。このスパイラルを断ち切るには美しい景観しかありません。なぜなら、美しい景観は、キツネやタヌキがせっせと整備したとは誰も思わないですから、何も言わなくともそこは人が整備したところだとわかります。人の姿は見えなくとも、景観に人の気配が感じられるからです。このことは犯罪の抑止力にもなります。

5）里山整備と健康

里山整備をしながら、健康に関して一番基本的なことを学んだ気がします。それは自分の内側から発熱してくることの効果と、自然に同調するという感覚から得られる効果と、この2つです。これほど逸脱した人間のリズムを元に戻してくれる特効薬は他にありません。

里山整備をはじめてからと言うもの、早朝作業が日課となりました。作業をしている時間は朝の1時間から2時間。1年中、朝は4時から5時には起きて活動を開始し、1年中、長袖のTシャツ一枚で作業をしていました。真夏も真冬もです。気温は真夏で30度後半ぐらいまで上がります。真冬で氷点下10度近くになることもありますから、約50度の温度差があるわけです。不思議なものでそれでもTシャツ1枚で平気なんですね。自分の内側からエネルギーが出て来るくらい動くとはそう言うことなのだ、と実感しました。

早起き、薄着、体を動かすこと、私はこの3つの習慣で健康を取り戻すことができたと思っています。正直、それまでは何かとトラブルを抱える身体でした。特定疾患で10年ぐらい公費で治療を受けたこともあるし、それが治った後は、新築マンションに引っ越した翌日からシックハウスを発症し、何年も苦しんだこともあります。シックハウスは別にして、今にして思えば、様々な不調の原因は、頭をこね鉢にしてセッセと理屈をこねまわしていたことによる自家中毒だったのかも知れません。元来、丈夫な身体と人並み以上の筋力を授かったはずなのに、本来の自分の活かし方を間違っていたのであろう、と今は解釈しています。自分の活かし方を間違っている間は、どんなに外から良いものを取り入れても効果は薄いものです。それともう一つ、効果が薄いパターンは、外からエネルギーをもらおうとする意識が強い間は、やはり思ったような効果が出ないものです。なるほど、自然の摂理とは、自分から先に出して空になることで、大切なものが入ってくるということだったのです。

6）長年気持ちを支え続けたものは……。

私が里山整備を意識しだしたのは20代の後半の頃からです。当時は地方都市にて広告関係の職業についていましたが、時々生まれ故郷に帰るたびに、昔は綺麗だった雑木林が見るも無残な姿になっていく様子に心を痛めていました。思う存分、自然の中で遊んだ幼少

フデリンドウ　リンドウ科リンドウ属　越年草

　小さな、小さな植物。通り沿い、竹林の縁にめっきり増えてきました。花の閉じた形が筆のようなのでフデリンドウ。日が当たる時にだけ、花を開き、曇天、雨天時はお休み。晴開雨閉です。

時代を送ったこともあり、荒廃していく雑木林とゴミの散乱と言う風景に、耐えがたい思いを抱いていました。

「思うは易く、行うは難し」の言葉通り、なかなか実行に移せませんでしたが、意を決して取り掛かったのが40代のはじめです。今にして思えば、ギリギリの年齢で最後のチャンスだったのだと思います。正直言えば、あまりにも大変なことが多くありすぎました。理解されない辛さというのもとことん味わいましたし、経済的な大変さ、そこにだめ押しで、私の里山再生への思いを見事に逆手に取った、極めてタチの悪い詐欺被害にあい、誇張でもなんでもなく無一文になってしまった時には、歩くことも億劫なくらいに気力が抜けたこともあります。それでも結論を言えば、思い切って里山整備を実行に移して良かったと思っています。人間界からの評価は良く分かりませんが、自然界からは確実に返答がきています。その中身は、本文中をご覧いただければご理解いただけると思いますが、あのゴミの散乱とガサガサの荒れた空間が、様々な草花の群生と清々しい雑木林と、心地よい小鳥の鳴き声が響く空間になっています。今はまだ、そうなった場所があるだけすが、ここから新しい暮らしを創造していくことのできるスタート地点ができたと思えば、希望が湧いてくるというもの。何もないゼロ地点でも、豊かなゼロ地点ができたのだ。

さて、この15年間の気持ちを支えてきたものは何か。もちろんその時々で自然が応えてくれた、というのは大きなことですが、やはり何と言っても子供の存在です。子供がお腹の中にいるとき、そして生まれてから、あの頃思っていたことは、「少しでも良い世の中の流れを作って、次の世代に渡したい」「きちんと働けば、大儲けはできなくても、やりがいを持って生きている喜びを味わえるような」そんな場を残してあげたい、本気でそう考えていました。ですから、まず一番に気持ちを支えてくれたのは子供の存在です。それから次の世代に対する責任感、さらに長年整備をしてくるうちに育ってきた思い、先人たちに対する申し訳なさ、自然に対する申し訳なさです。言葉にすると以上のような気持ちが根底にあったと思います。

そしてその気持ちを励ましてくれた人の存在もありました。「命を賭けろ」と言って励ましてくれた先生、「前祝い」と言って言葉を贈ってくれた先生もありました。とことん追い詰められた時、どれだけ支えになったかわかりません。そしてもう一つ、追い詰められたがゆえに実感したことがあります。言葉がこれほどまでに力を持つのか、という実感です。谷川太一柔訳著「老子の言葉」「釈迦の言葉」という本に出会い、どれほど助けられたかわかりません。この2冊は今でも毎朝1章づつ、ゆっくり噛みしめるように読んでから、その日1日をスタートするようにしています。何度繰り返し読んだかわかりません。私の感覚を述べるようで恐縮ですが、老子や釈迦は宗教ではないですね。今の科学が狭い枠組みを超えて次の段階へ行く時に、そのベースとなる考え方を教えてくれているように感じます。

こうみてくると、命の尊さを感じさせてくれる存在や出来事、その真理を含んだ言葉が大きな支えだったことに気づかされます。私の人生のテーマが「自然」に向いていることも、なぁんだ、全部リンクしていたのか、という納得に至りました。

7）最後の最後のオチ

せっせと夢中で作業をしてきた15年の間には、今思うと不思議なこともありました。言葉にして伝えるとなんでもないように思えるかもしれませんが、まず、大きな怪我をすることなく無事に一通りやり通すことができたと言うことです。刈り払い機やチェーンソーを触ったこともない人が作業をはじめて15年の間には、100枚以上の刈り払い機の刃を使い、立木を何百本も伐採してきて、怪我も事故もなし。チェーンソー作業なんか今だって怖い思いがします。特に広葉樹は曲がっているし、どこに倒れるか予測も難しいのですから。1㎜違いで怪我をせずに済んだり、ほんの小さな細い枯れ枝1本で転んだり、何十回となく「この地域に昔暮らしてきた人がこんな状態を見てどう思うだろう」という思いが浮かんでくるし、「自分は、白羽の矢を立てられたかな」ということを思ったのも1度や2度ならず。

それと、体力がもったことも不思議です。結果的に7万坪といっても、1人で相手にするには結構広い面積です。その中には極度に荒れた孟宗竹林もありましたから、竹は何千本伐採して処理したかわかりません。それに、初期の頃のひどい状態の時には、毎朝、薄暗い時間帯から作業を開始し、ほとんど走るようなスピードで動き回っておりました。自分の姿を想像しては、「狂気の沙汰だな」と苦笑いしたこともあります。

整備作業をはじめて13年目の秋のことです。最後の最後、これでようやく予定したところは一通り終わりという作業でした。この地域にある八幡さまの境内を掃除していた時、たまたま時間帯がぴったりあったのでしょう、「崇山神」という石碑の脇に小さく掘られた文字がはっき

ヤブラン　キジカクシ科ヤブラン属　多年草

丈夫です。暑さ寒さも何とやら。日当たりが良くても悪くても何とやら。手間がかからない、見た目も悪くない。古くから緑化や造園の植栽に広く利用されてきました。

よく似た植物にジャノヒゲがありますが、このヤブランは黒い実。ジャノヒゲは青紫の実。

りと見えました。「清右衛門」 目にした途端、体に電気が走りました。なんと4代前の高久家の先祖だったのです。江戸時代後期に生まれ、昭和の初めまで生きた先祖です。「そうかぁ、やはり自分の中には自然を大切にする血が流れているのか」そう思うと、そんな先祖を持って、少し誇らしい気持ちにもなりました。それと、間違いなく白羽の矢を立てられたのだな、と納得もしました。13年目にして、オチに驚き、一通りやり終えた安堵感と清々しさを覚えました。

5.日本全国の里山に願うこと

1）美しい風景を再び

飛行機の上から見下ろした日本の田園風景は本当に美しいと思います。緊張を強いられるような美しさではなく、どこか心の底からじわじわと浸透してくるような美しさです。この美しさこそが、日本固有の美しさであり、DNAに通底する日本の美のスタイルの源泉かもしれません。日々の暮らしの中で、毎日目に飛び込んでくる風景が延々と日本人を作り上げてきたのでしょう。そのベースがあるからこそ、日本人は自然の中に八百万の神を見ていたのではないでしょうか。またそのくらい、人と自然の交流が緊密だったとも言えます。

しかし、着陸した機体から降り、地に足をつけて里山の風景を眺めれば、空から見ていた美しい風景が嘘のように姿を消し、無秩序、雑然とした空間が広がるばかりです。このギャップが今の日本の里山の風景です。おそらく50年前、遠景も近景も共に里山は美しかったことでしょう。

風景とは、自然界が織りなす、その場面、場面の在り方のことです。そこに物語を添えることができるのが人間です。例えば、丘陵地帯で水田を営む人間の暮らしは、棚田という風景を作り、人と自然が織りなす美をつくりました。よく整備された棚田は、里山の美を代表する風景ともなっています。しかし、かつては美しかった棚田も、人との関わりがなくなることで、美しさから遠ざかってしまう現実もあります。自然の成り行きに任されたところは、強いものだけが繁茂しはびこり、決して心地よい風景を作りません。そこには秩序やお互いの領分というような節度はなく、戦いの真っ最中という姿があるばかりです。この戦いに決着がつき、ある一定の秩序を取り戻すのに要する時間は、200年、300年、あるいは1000年という単位かもしれません。あの原生林の人の存在を感じさせない、時間が止まったような世界が現れることでしょう。もちろんそういう世界があってもいいし、なければならないのですが、里山がその世界になることは、できるだけ食い止めたいものです。

人間が関わることで、自然の中には強いものだけが勝つという瞬間的な摂理の他に、お互いの領分が調和しているというゆとりを持った秩序が創造されます。これが里山の美の核心であり、安心感のでどころではないでしょうか。すなわち、美しい風景を再びの意味は、人の意識の中に自然への気持ちを復活させたいという願いでもあるのです。

2）里山フロンティア

知っていれば活かせる、まだ知られていないので活かせない。おそらく里山はそんなところに位置付けられるのかもしれません。荒れた雑木林や竹林を見て、それらが整備された時の状態を想像できる人は、そう多くいるとは思いませんが、必ずいると思います。もし50年ぶりに岩戸が開いて里山の魅力が出てきたとしたら、その良さに気づく人は、きっと沢山いることでしょう。

良さに気づいた人は思うはずです。こんなに安心した気持ちでリラックスできる空間は他にないと。あるいは医療関係者の方したら思うかもしれません、この空間は、人の心身のバランスをとるには最高の空間であると。

この本が世の中に出ることによって、里山の良さに気づいてもらえるきっかけができれば、これほど嬉しいことはありません。さらに実践に移す人が一人でも二人でも出てきてくれたのなら、少しは世の中のお役に立てたのかと安堵もいたします。

私たち日本人には、まだまだ活かせる国土が40%あるのですよ。すごいことだと思いませんか。しかもその40%は理想郷にできるほど可能性を秘めています。そこに気づいていただければ、人も集まることでしょうし、実際に集まらなくとも、仮想空間に情報が集まることでしょう。単純な真理ですが、人が集まり、気持ちが集まることによって活性化するのが人間社会です。

以前、SNSを見ていたら「人が集まる九箇条」なるものが出ていました。面白いと思ってコピーしておきましたのでご紹介しましょう。

人が集まる9箇条

1. 人は、人が集まるところへ集まる。
2. 人は、快適なところへ集まる。
3. 人は、噂になっているところへ集まる。
4. 人は、夢の見られるところへ集まる。
5. 人は、良いものがあるところへ集まる。
6. 人は、満足がえられるところへ集まる。
7. 人は、自分のためになるところへ集まる。
8. 人は、感動を求めて集まる。
9. 人は、心を求めて集まる。

いかがですか？今現在のほとんどの里山では、どれひとつ当てはまるものがありませんが、岩戸が開いて良さが見えた瞬間、あっという間に全部が当てはまってしまいます

交通手段の発達により、100㎞、200㎞という距離は昔とは意味が違ってきています。さらに情報網の整備により距離の差はなくなりました。

いざ、里山開拓へ。重い岩戸を開くのは、ぜひ、日本人であってほしい、と願うばかりです。

（完）

追記（ご参考までに）

自分の物の見方、考え方は一体どこからきているのだろう。そんなことを改めて考えてみる

と、やはり一番のベースには、幼少の頃、これでもかと言うくらいに自然の中で遊び戯れたことだと思います。その感覚がベースにあって、人生の様々な場面でその時々の選択をしてきたのだと思います。

意識的に考えを組み立てていくと言うことでは、やはり大学生活の4年間に出会ったいくつかの書物は大きなウェイトを占めています。私が大学へ通っている頃、どう言うわけか現代思想ブームがありました。小難しいテーマをわざと難しく言うような風潮があって、何を隠そう私もそのブームにはまった一人です。今思い返せば、何もわからずただ本を眺めていただけなのかもしれませんが、それでもその時に出会った3冊の本は、今でもことあるごとに自分の意識の中に現れてきます。それともう一つ、自分の考え方が形成される上で大きな影響を受けたものがあります。こちらは本ではなく、口伝ですが、それら4つに共通する特徴は、当たり前と思っていることを改めて考えさせせられると言うことです。これからの時代、新しい世の中へ向かうには、今までの常識を根本から見直すと言うことが要求されてくるでしょう。そんな時何かの参考になるのではないかと思い、改めて、スペースを割いてその4つを簡単にご紹介しておきたいと思います。

1「野生の思考」　人類学の本です。クロード・レヴィ・ストロースというフランスの人類学者が書いた本ですが、誤解を恐れず簡単に言ってしまえば、西欧の科学的な思考の方が未開の部族よりも進んでいるとする西欧人の考え方に、おいおいそれはちょっと違うんじゃないか、と言って、西欧の最高の知性が自分たちを戒めた本です。

この本がベースになって、自分の暮らし空間を徹底的に分類整理して知るということが生活の豊かさにつながるという発想が出てきたことは、先に述べました。進んでいる遅れているという判断は、全てを知り尽くした時に出てくるものであって、今の段階で云々すること自体滑稽なことです。実際、自然の中にいると、自然の摂理とは何重にも階層をなした法則があるのではないかと感じることがあります。その基底層に行けば行くほど、表面の移ろいやすい現象を捉えた法則は、それ程大きな意味がなかったということだってありうることです。逆に、直感で捉えた超科学的な法則の方がより根元に近い理にかなっていたということだってありうるはずです。そういう意味で自分たちの考え方を相対化することを学ばせてくれる本です。

2「ソシュールの思想」　言語学に分類される本です。丸山圭三郎という日本の言語学者が書いた本で、ソシュールというスイスの天才言語学者のことを、理論も含めて簡潔に紹介してくれている本です。この本に出会って、私ははじめて、なぜ言葉が意味を持つことができるのかということを知ることができました。また、言語の不思議を考え始めるきっかけともなりました。言葉は人間が創ったものだろうか？文字に関しては人間が作ることを容易に想像することができますが、言葉の位置付けは不思議でなりません。言葉の意味の現れ方は、森の樹冠が個々の木の勢力バランスで作られていく姿とそっくりです。そんなことから、ふと思うのは自然の相似象として言葉も作られているのだろうと思われます。様々な言語間で翻訳が可能であるということも、何か根源的に共通するものがベースになっているということです。言葉を知るとは自然を知ることにもつながり、自然を理解し、言葉で整理することで共有の範囲が広がります。自然を詠んだ歌や詩も、核心を捉えたものはものすごい力があります。もし記憶していれば、そういうものは自然の中にいると場面場面でふと誘発されてくることがありますから、それは自然という命と言葉という命の同調現象なのだと思います。

3　プラトン　ソクラテスの対話という形で書かれています。天然のソクラテスが自惚れ屋さんを相手にどこまでも追い込んでいく展開は、ただの読み物としても面白いものです。そのプラトンの考え方には有名なイデア論というものがあります。「〜そのもの」という本質の核心に迫っていこうとする考え方です。しかし、どこまで行っても手摑みできるようなテーマではありませんので、やはりイデア論になってしまいます。この時の読書体験が10年後、驚きをもたらしてくれたのです。

4　生体エネルギー理論　本ではなく口伝。ある農業者が農業の実践現場から作り上げてきたものです。生体エネルギーという独自の概念をもとに物事の成り立ちを創造する実践理論です。荒っぽい言い方をすると、なんとプラトンのイデア論をエネルギー理論にしてしまったようなもの。形があるものとして存在するものは、すべて集合の連続から固有の存在として現れています。何段階もの集合を重ねながら、それぞれの階層ごとに新しい物語が生まれています。この物語、そして物語を維持するエネルギーが生体エネルギーと呼ばれているもので、ここに焦点を当て、連作障害のメカニズムを研究していったというのが始まりの姿であると私は理解しているのですが、この物語に相当するものはプラトンが焦点にしているイデアとよく重なります。

エネルギーといっても、熱エネルギーの性格とは全く異なります。エネルギーは熱エネルギーというスタンスに立ってしまっている方にはなかなか馴染みにくい考え方かもしれませんが、自然を相手にしていると熱エネルギーという捉え方はほんの一部分の捉え方に過ぎなくて、まだまだ未知の分野が広大に広がっているということが実感として分かってきます。西欧科学の考え方、果たしてきた役割と功績、それはそのまま受け止めるとして、人類が次のステップへ向けて一歩進めるには、「野生の思考」に出てきた具体の科学を、優秀な頭脳がどんどん勇気を持って推し進めていくことが必要でしょう。独自の分類、整理、理論化で良いと思います。人間は、自然のあり方が言葉で表現されることを望んでいます。そしてそれがベースとなりまた次のステップへ踏み込んでいく。それで良いではありませんか。何がなんでも西欧科学で押し切る必要はありません。

連作障害に始まり、松枯れや楢枯れ現象、その解決の糸口が生体エネルギー理論の中にあると私は思っています。実践検証はこれからですが、この考え方には今までにない独自の可能性が多く内蔵されているように思います。

ビフォー・アフター集

2012年6月15日

真昼の明るいうちでさえ、
この場所を一人で歩くのはためらわれます。

ビフォー

2019年1月21日

林床に様々な植物が姿を現し、
々、観察に出かけるのが
楽しみの場所の一つになりました。

アフター

2009年7月15日

道路脇の草の背丈が伸びてくると、
車道自体が狭められる上、
カーブの見通しが全く効かず、大変危険な場所でした。

ビフォー

2011年10月21日

清々しい景観に変貌しただけでなく、
カーブでの見通しも良くなり、
通行の安全性が格段に良くなりました。

アフター

2010年8月21日

右側分厚い笹の壁は人の背丈の1.5倍ぐらいあり、
そこに蔦性の植物が複雑に絡み付き、防風壁になる程。

ビフォー

2013年8月10日

清々しい景観になり、さまざまな植物が姿を現してきました。
野の小道の散歩がこの上なく心地よい場所になりました。

アフター

2014年1月6日

植林された杉が真竹に占領されています。
この環境で杉が健全に生育できるか、
考えていただきたいものです。

ビフォー

2015年3月20日

綺麗に整備された杉林は、それなりに快適な空間になるものです。
杉の遺伝子を操作する前に、
まずは、健全に生育できる環境を作るべきなのではないでしょうか。

アフター

2014年2月7日

半世紀前、畑だった空間を占領した蔦性植物群。
有棘性の蔦であり、ここの整備にあたっては、
連日の金網デスマッチのようなものでした。

ビフォー

2014年3月21日

杉林の手前に生えている木はハンノキ。
今ではこの地面の上はギボウシの群生地。お隣はサクラソウの群生地。
お隣はボケの群生地。お隣はヤブランの群生地。

アフター

2010年7月30日

かつて畑だった土手を笹が占領してしまった様子。
この風景に植物多様性を求めることができますか。
今の日本の里山では珍しくない風景です。

ビフォー

2016年4月20日

同じ場所です。春先にタンポポが群生し、
フキノトウが姿を現し、よもぎが群生し、
その他様々な植物が順番に、あるいは同時に花を咲かせます。

アフター

2012年6月15日

ケヤキの大木とヤブツバキの群生地のかつての姿。

ビフォー

2019年1月6日

ケヤキの大木とヤブツバキの群生地の現在の姿。
さて、見ることが人の精神に影響を及ぼすとしたら、
どちらの風景が良い影響を与えてくれるのでしょうか。

アフター

2014年3月8日

道沿いだけでなく、雑木林全体を背丈の高い篠が占領した様子。
人目につかない条件と相まって、
大型ゴミの不法投棄が半端ではなかった場所。

ビフォー

2019年月1月10日

見通しの良い雑木林。何もなくてもそれだけでも価値があります。
人目につきにくい条件ゆえ、キャンプ場にしたら最高の場所。
隣接して小川も流れています。

アフター

2014年1月1日

不法投棄の粗大ゴミ。竹に占領された見通しの良くない雑木林。
この風景を色としてだけ見るには、
果たして何千m上空を飛ばなければならないのでしょうか。

ビフォー

2019年1月21日

自然には空の色があり、雲の色があり、竹の色があり、
葉を落とした木の色があります。
そう見えるためには光が行き渡ることが条件です。

アフター

小鳥の歌・音源サービス（キビダキ　渡り鳥）

里山林が本来の姿を取り戻してくると、小鳥の数も増えるようです。また、鳴き声も澄んできれいに聞こえます。森の中の空間が広く大きくなったことが、小鳥の声でわかります。

小鳥は、毎朝同じ時間に鳴き始めます。その時間は正確です。ほぼ日の出とともに鳴き始め、自分の好きな場所で１曲か２曲歌声を披露し、場所を変えてまた１曲、そうして森の中を転々と歌いながら一回りするようです。それが小鳥の日課のようです。

早朝、ほぼ日の出とともに収録したものです。たまたまマイクの近くで歌声を披露してくれました。こんなに近くで収録できたのは、運が良かったとしか言いようがありません。

再生上のアドバイス

実際に、小鳥の歌声はそれほど大きなボリュームではありません。少し小さめの音量でお聞きになることをお勧めします。ボリュームを大きくしすぎると、不自然に声がきつく再生されるかも知れません。また、空気音も目立ってくることでしょう。小鳥が耳元で囀ることはありません。どうぞ自然な形でお聴きになられてみて下さい。

目を閉じて、じっと歌声に耳をすますと、声が響いている空間に気持ちが溶け込んで行くような感覚を味わうことができるでしょう。これこそ共鳴現象というものです。

QR コードを読み込みダウンロードしてお聞きいただけます。

科目一覧

50音樹種目次

おわりに

この本の舞台となった里山は、栃木県那須町のとある小さな里山です。
10年前、町の林業関係者に、ここへの道順を説明したところ、「あのひどく荒れている・・・」と思わず言われてしまうようなところでした。実際、荒れているところにゴミの散乱がひどく、里山スラムのようなところでした

10年後、隣の県の林業関係者に道順を説明したところ、「あの道路脇のきれいな雑木林のところですか、ほんとうに気持ちの良いところですね」と言われました。同一場所です。10年の間に評価が180度転換しました。

日本全国の里山が、良くも悪くもこれと同じ可能性を有しています。日本国土の40%を占めると言われている里山地帯、それを生かし切ったら、いったい日本はどれだけの底力を発揮していけることだろう。環境は教育装置、時間が経てばたつほど、人を通してその良し悪しの差が大きくなります。

私の役目は、里山の可能性を全国の一人でも多くの方に知らせること。今後は、15年間の体験をもとに、里山蘇生の意義を伝える活動にも取り組んでいきたいと思います。

蘇った日本の里山は、今の人が想像する以上に快適で、豊かな空間になることを保証します

●著者プロフィール
高久育男（たかく・いくお）
1963（昭和38）年2月23日、栃木県那須郡那須町生まれ。
栃木県立黒磯高等学校卒業。
明治大学政治経済学部卒業。

これから生まれて初めて真剣に自分のプロフィールを綴ります。「里山風土記」誕生までの流れとして話して行きたいと思います。

大学卒業後、2年間はアルバイト生活を経験しています。進学への思いを捨て切れなかったためですが、今にして思えば、学者への道に進まなくてよかったと思います。全く向いていません。

アルバイト生活に終止符を打ち、宇都宮で就職。バブル直前期からバブル期にかけて、地元求人誌をはじめとした広告業の営業兼コピーライティングを職業としました。新規開拓の飛び込み営業も苦ではなく、逆に様々な業種を見ることができて楽しんでいた気がします。ほとんど休みなく、4~5年の間は朝から夜の10時、11時まで、締切日が近いと朝方までというのもしばしば。長時間の労働は別に苦にもなりませんでしたが、自分が求めるものは広告業界にはないと判断し、転職。その後、1年半だけ水処理業の会社を経験します。以上、会社勤めの経験。

31歳の時にサラリーマンを辞め自営業に。この時、プラトンのイデア論をエネルギー理論にしてしまったような農業理論に出会い、衝撃を受けます。以後10年、この理論を学ぶために生業を立てていたような構図が続きました。その10年の間に職業として取り組んだのが音の世界。オーディオファンの方に、音響を改善する小物を作り販売。音楽CDを企画制作。音響改善アイテムを作るための木材の研究。木材を知るための家具の企画制作販売。こうした取り組みの中で、本質を追求するとは何かを実践で学び、音と木材に関する自分なりの世界観が構築されたと思います。それが木および木材を見る時に大いに役に立っています。存在しているものは全て独自の音を持っています。音とは、ごまかすことのできない現象です。全ての情報がインプットされています。それをどこまで解読できるかは個人差によるもの、本質ではありません。その構図が見えたことで、すべてのものを見る地平が開けたように思います。

40代から今日に至るまでの15年間は、それまでのスーツ姿からは一変し、ボロボロの作業服。積年のテーマであった里山を舞台にしての暮らし環境を作るために、荒れ果てた里山林の整備に取り掛かりました。この間の生業は、細々とした木製品の販売、音響改善アイテムの販売、それまでに在庫していた銘木の販売でつないできておりました。この15年の間に3年間だけ幸いにも助成金（林野庁）を受けて作業することができました。おかげで朝から晩まで整備に集中することができたのです。その時のおコメの消費量が、なんと1回に2合。ここまでのことは自分が望んで挑戦してきたことであり、その中には様々な困難もありましたが、全て納得づくのことですから、一通り目標としたところをやり遂げたときは、さすがに清々しい思いがしました。

さて、ここからです。世の中に伝えなければという思いがあっても、その切り口が見つけられずにいました。無名の私がいくら幾千万言費やしても、誰が耳を傾けようか。もし、私がジョン・レノンだったら1日体験しただけで、何百万人という方が耳を傾けるでしょう。「想像してごらんよ、とてもひどいんだよ。想像してごらんよ、街中に住んでいるからと言って、無関係ではいられないんだよ。・・・」という調子で「イマジン」の替え歌を1曲披露すれば、一体どれだけの効果があることだろう。その条件差を埋めるには1週間の実践でもダメ、1ヶ月でも1年でもダメ、10年は最低必要でしょう。いやそれでもダメかもしれません。とかく人間は現実よりも、イメージ、幻想に乗り替わるのが好きな生き物です。切り口を見つけられずに逡巡する日が続きました。諸々事情がり、落ち着いて考えることもできず、2年の歳月が流れました。この2年間も含め、里山整備のために15年、山中にこもることとなりました。

そんな時は、自分にあるものをもう一度見直すしかありません。実際には何回も、何十回も繰り返していることですが、ようやく切り口を見つけることができたのが、今年に入ってからです。私には、5000枚を超える証拠写真があります。15年間の取り組みで残った、唯一の財産です。この写真を興味深く、イヤラシクなくお見せすることができれば、文字で百万言主張するよりもずっと効果的に伝えることができるだろう。ここまでくれば、しめたもの。自分は木が好きです。きっと木も力を貸してくれることでしょう。すぐに「樹木図鑑」というアイディアにいたり、さらに考えて「里山図鑑」樹木編という修正を加え、さらに「里山の図鑑」樹木編としたのですが、「図鑑」という言葉がもつ固定したイメージを指摘され、その土地が有する自然のものを徹底的にご紹介することが目的でもあるので、「里山の風土記」と改めました。

55歳にして、私は本当の意味で自分の仕事を始めることができるような気がしています。その第1弾が、この「里山の風土記」樹木編を上梓できたことだと思います。そしてこれを機に、今までしてきた仕事も、はじめて本当に自分の仕事になったような気がしています。そしてこれから始めようとしている里山再生の必要性を伝える活動も、大テーマである「人と自然」を貫いていく大切な仕事になることでしょう。日本には隠れてしまっている素晴らしい風景がまだまだあります。

里山風土記［樹木＆草花編］

初版 1刷発行●2019年5月1日

著 者

高久育男

発行者

薗部良徳

発行所

㈱産学社

〒101-0061 東京都千代田区神田三崎町2-20-7 水道橋西口会館 Tel. 03（6272）9313 Fax. 03（3515）3660

http://sangakusha.jp/

印刷所

㈱ティーケー出版印刷

©Ikuo Takaku 2019, Printed in Japan

ISBN978-4-7825-3525-7 C2045

乱丁、落丁本はお手数ですが当社営業部宛にお送りください。

送料当社負担にてお取り替えいたします。

本書の内容の一部または全部を無断で複製、掲載、転載することを禁じます。